新世界少年文库

未来少年
FOR FUTURE YOUTHS

宇宙前世今生

小多（北京）文化传媒有限公司　编著

新世界出版社
NEW WORLD PRESS

图书在版编目（CIP）数据

宇宙前世今生 / 小多（北京）文化传媒有限公司编
著 . -- 北京 : 新世界出版社 , 2022.2
（新世界少年文库 . 未来少年）
ISBN 978-7-5104-7383-8

Ⅰ . ①宇… Ⅱ . ①小… Ⅲ . ①宇宙 – 少年读物 Ⅳ .
① P159-49

中国版本图书馆 CIP 数据核字 (2021) 第 250583 号

新世界少年文库 · 未来少年

宇宙前世今生 YUZHOU QIANSHI JINSHENG

小多（北京）文化传媒有限公司　编著

责任编辑：王峻峰
特约编辑：阮　健　刘　路
封面设计：贺玉婷　申永冬
版式设计：申永冬
责任印制：王宝根
出　　版：新世界出版社
网　　址：http://www.nwp.com.cn
社　　址：北京西城区百万庄大街 24 号（100037）
发 行 部：（010）6899 5968（电话）　　（010）6899 0635（电话）
总 编 室：（010）6899 5424（电话）　　（010）6832 6679（传真）
版 权 部：+8610 6899 6306（电话）　　nwpcd@sina.com（电邮）
印　　刷：小森印刷（北京）有限公司
经　　销：新华书店
开　　本：710mm×1000mm　1/16　尺寸：170mm×240mm
字　　数：113 千字　　　　　　　印张：6.25
版　　次：2022 年 2 月第 1 版　2022 年 2 月第 1 次印刷
书　　号：ISBN 978-7-5104-7383-8
定　　价：36.00 元

编委会

阅读优秀的科普著作
是愉快且有益的

目前，面向青少年读者的科普图书已经出版得很多了，走进书店，形形色色、印制精良的各类科普图书在形式上带给人们眼花缭乱的感觉。然而，其中有许多在传播的有效性，或者说在被读者接受的程度上并不尽如人意。造成此状况的原因有许多，如选题雷同、缺少新意、宣传推广不力，而最主要的原因在于图书内容：或是过于学术化，或是远离人们的日常生活，或是过于低估了青少年读者的接受能力而显得"幼稚"，或是仅以拼凑的方式"炒冷饭"而缺少原创性，如此等等。

在这样的局面下，这套"新世界少年文库·未来少年"系列丛书的问世，确实带给人耳目一新的感觉。

首先，从选题上看，这套丛书的内容既涉及一些当下的热点主题，也涉及科学前沿进展，还有与日常生活相关的内容。例如，深得青少年喜爱和追捧的恐龙，与科技发展前沿的研究密切相关的太空移民、智能生活、视觉与虚拟世界、纳米，立足于经典话题又结合前沿发展的飞行、对宇宙的认识，与人们的健康密切相关的食物安全，以及结合了多学科内容的运动（涉及生理学、力学和科技装备）、人类往何处去（涉及基因、衰老和人工智能）等主题。这种有点有面的组合性的选题，使得这套丛书可以满足青少年读者的多种兴趣要求。

其次，这套丛书对各不同主题在内容上的叙述形式十分丰富。不同于那些只专注于经典知识或前沿动向的科普读物，以及过于侧重科学技术与社会的关系的科普读物，这套丛书除了对具体知识进行生动介绍之外，还尽可能地引入了与主题相关的科学史的内容，其中有生动的科学家的故事，以及他们曲折探索的历程和对人们认识相关问题的贡献。当然，对科学发展前沿的介绍，以及对未来发展及可能性的展望，是此套丛书的重点内容。与此同时，书中也有对现实中存在的问题的分析，并纠正了一些广泛流传的错误观点，这些内容将对读者日常的行为产生积极影响，带来某些生活方式的改变。在丛书中的几册里，作者还穿插介绍了一些可以让青少年读者自己去动手做的小实验，这种方式可以令读者改变那种只是从理论到理论、从知识到知识的学习习惯，并加深他们对有关问题的理解，也影响到他们对于作为科学之基础的观察和实验的重要性的感受。尤其是，这套丛书既保持了科学的态度，又体现出了某种人文的立场，在必要的部分，也会谈及对科技在过去、当下和未来的应用中带来的或可能带来的负面作用的忧虑，这种对科学技术"双刃剑"效应的伦理思考的涉及，也正是当下许多科普作品所缺少的。

最后，这套丛书的语言非常生动。语言是与青少年读者的阅读感受关系最为密切的。这套丛书的内容在很大程度上是以青少年所喜闻乐见的风格进行讲述的，并结合大量生动的现实事例进行说明，拉近了作者与读者的距离，很有亲和力和可读性。

总之，我认为这套"新世界少年文库·未来少年"系列丛书是当下科普图书中的精品，相信会有众多青少年读者在愉悦的阅读中有所收获。

刘 兵

2021 年 9 月 10 日于清华大学荷清苑

在未来面前，永远像个少年

当这套"新世界少年文库·未来少年"丛书摆在面前的时候，我又想起许多许多年以前，在一座叫贵池的小城的新华书店里，看到《小灵通漫游未来》这本书时的情景。

那是绚丽的未来假叶永烈老师之手给我写的一封信，也是一个小县城的一年级小学生与未来的第一次碰撞。

彼时的未来早已被后来的一次次未来所覆盖，层层叠加，仿佛一座经历着各个朝代塑形的壮丽古城。如今我们站在这座古老城池的最高台，眺望即将到来的未来，我们的心情还会像年少时那么激动和兴奋吗？内中的百感交集，恐怕三言两语很难说清。但可以确知的是，由于当下科技发展的速度如此飞快，未来将更加难以预测。

科普正好在此时显示出它前所未有的价值。我们可能无法告诉孩子们一个明确的答案，但可以教给他们一种思维的方法；我们可能无法告诉孩子们一个确定的结果，但可以指给他们一些大致的方向……

百年未有之大变局就在眼前，而变幻莫测的科技是大变局中一个重要的推手。人类命运共同体的构建，是一项系统工程，人类知识共同体自然是其中的应有之义。

让人类知识共同体为中国孩子造福，让世界的科普工作者为中国孩子写作，这正是小多传媒的淳朴初心，也是其壮志雄心。从诞生的那一天起，这家独树一帜的科普出版机构就努力去做，而且已经由一本接一本的《少年时》做到了！每本一个主题，紧扣时代、直探前沿；作者来自多国，功底深厚、热爱科普；文章体裁多样，架构合理、干货满满；装帧配图精良，趣味盎然、美感丛生。

这套丛书，便是精选十个前沿科技主题，利用《少年时》所积累的海量素材，结合当前研究和发展状况，用心编撰而成的。既是什锦巧克力，又是鲜榨果汁，可谓丰富又新鲜，质量大有保证。

当初我在和小多传媒的团队讨论选题时，大家都希望能增加科普的宽度和厚度，将系列图书定位为倡导青少年融合性全科素养（含科学思维和人文素养）的大型启蒙丛书，带给读者人类知识领域最活跃的尖端科技发展和新锐人文思想，力求让青少年"阅读一本好书，熟悉一门新知，爱上一种职业，成就一个未来"。

未来的职业竞争几乎可以用"惨烈"来形容，很多工作岗位将被人工智能取代或淘汰。与其满腹焦虑、患得患失，不如保持定力、深植根基。如何才能在竞争中立于不败之地呢？还是必须在全科素养上面下功夫，既习科学之广博，又得人文之深雅——这才是真正的"博雅"、真正的"强基"。

刚刚过去的2021年，恰好是杨振宁99岁、李政道95岁华诞。这两位华裔科学大师同样都是酷爱阅读、文理兼修，科学思维和人文素养比翼齐飞。以李政道先生为例，他自幼酷爱读书，整天手不释卷，连上卫生间都带着书看，有时手纸没带，书却从未忘带。抗日战争时期，他辗转到大西南求学，一路上把衣服丢得精光，但书却一本未丢，反而越来越多。李政道先生晚年在各地演讲时，特别爱引用杜甫《曲江二首》中的名句："细推物理须行乐，何用浮名绊此身。"因为它精准地描绘了科学家精神的唯美意境。

很多人小学之后就已经不再相信世上有神仙妖怪了，更多的人初中之后就对未来不再那么着迷了。如果说前者的变化是对现实了解的不断深入，那么后者的变化则是一种巨大的遗憾。只有那些在未来之谜面前，摆脱了功利心，以纯粹的好奇，尽情享受博雅之趣和细推之乐的人，才能攀登科学的高峰，看到别人难以领略的风景。他们永远能够保持少年心，任何时候都是他们的少年时。

莫幼群

2021 年 12 月 16 日

满天星斗的多彩外太空 深空中的星系和星云与地球之间的距离以光年计（图片来源：美国国家航空航天局）

本书图片来源：
Shutterstock；美国国家航空航天局；NASA/GFSC；
NASA/STScI；NASA/JPL-Caltech；Andrew Z. Colvin；
Wikipedia；SDSS；IRFU/CEA；CERN；
NASA/WMAP Science Team；
Springel et al/Millennium Simulation Project；
Planck-BICEP collaboration；University of Oregon；
ISST；Gilles d'Agostini；James Ford Bell Library
我们已经竭尽全力寻找图片和形象的所有权

让我们仰望天空，从这里开始本书的宇宙探索。

上图是根据恒星的位置、亮度和颜色绘制的超过 1 亿颗恒星的全天星图。这是站在地球上通过天文望远镜观测到的星象，里面的绝大多数星星我们无法通过肉眼看到，这一方面是由于我们肉眼的分辨能力有限，另一方面是因为地球日渐严重的大气污染和光污染。

让我们仔细观察这些白点，这些我们肉眼看不到的宇宙的存在。想象一下，太阳只是宇宙中我们能够看见的，约为 920 亿光年直径的小块宇域中的，约为 1 亿亿亿颗恒星中的一颗，而地球只是绕着太阳的一颗行星。我们是如此的渺小，而如此渺小的我们，却能够思考这个宇宙的一切，发现宇宙的基本定律，我们又是何等的伟大。

我们假设布满星星的天空是一个包围着地球的天球，要将整个天球的影像投射成一张平面图，需要使用墨卡托投影法绘制，即将天球赤道作为水平线基准，将球形的天球投影成圆柱形然后再展开成平面。

我们的地球处于银河系中，银河系有密集的星星，聚合成圆盘状。我们在地球上看到的只是银河系的截面，它就像一条横跨天宇、环绕地球的明亮带。由于"银河环"平面和天球赤道平面有一个很大的夹角，而在图中天球赤道是水平线，所以银河在图中呈现出带状钟形。

第1章

[观测] 宇宙

宇宙奇观
——绚丽多姿的星系

"星系玫瑰"——哈勃空间望远镜拍摄到的由
两个畸形的螺旋星系结合形成的美丽天体

两个星系融合

椭圆星系

棒旋星系

旋涡星系

哈勃深空视场中超过100亿光年外的遥远星系

"斯蒂芬五重奏"——1877年法国天文学家爱德华·斯蒂芬发现了这组优雅的五个大星系的集合。后来用哈勃空间望远镜的广角照相机重新拍摄了这组"斯蒂芬五重奏"。左上角的螺旋星系NGC7320距离地球约4000万光年，其他4个星系距离地球约2.9亿光年

宇宙奇观
——创生之柱

鹰状星云是位于巨蛇座尾端的一个年轻疏散星团和弥漫气体星云的复合体，距地球约 7000 光年。星团周围的星云，形状如一只展翅的老鹰，因此得名鹰状星云。

在鹰状星云中间，天文学家拍到了这样一个景观：这是由星际气体和尘埃组成的约有几光年高的三根立柱，也是一个恒星孵化器。立柱的尖顶有与太阳系相同的尺度，里面尘土飞扬，正在孕育一颗新的恒星。这里的云气正在蒸发，表示新生的恒星正在发出星风，将物质吹散。图片是美国国家航空航天局用哈勃空间望远镜在 1995 年 4 月 1 日拍摄的，随后被 Space.com 评定为哈勃空间望远镜拍摄的十大最佳照片之一。照片广为流传，出现在各种形式的媒体上，三根立柱被誉为创生之柱。2015 年，天文学家使用分辨率更高的望远镜重新拍摄了照片。

2007 年，天文学家宣布，来自斯皮策太空望远镜的证据表明创生之柱可能已经被一颗爆炸的超新星摧毁。天文学家在 2007 年观测到这个区域受到 8000~9000 年前爆炸的超新星热气体的扰动。这颗超新星的光早已抵达地球，而速度更慢的激波要花费数年才会通过星云，可能会摧毁这个微妙的支柱。因为光到达地球需要一定时间，地球上的观测者还要等待很多年才能观察到创生之柱被摧毁的过程。

创生之柱

鹰状星云

星海中的创生之柱

星际气体和尘埃组成的创生之柱

宇宙奇观
——星云

蝶状星云

超新星遗迹星云

猫眼星云

行星状星云 NGC 5189

猴头星云

0°

认识银河系

75000 l.y.

盾牌－半人马旋臂
Scutum-C

60000 l.y.

矩尺旋臂
Norma Arm

45000 l.y.

人马旋臂
Sagittarius Arm

远 **3kpc** 旋臂
Far 3kpc Arm

60°

近 **3kpc** 旋臂
Near 3kpc Arm

Sun 太阳

90°

外缘旋臂
Outer Arm

英仙旋臂
Perseus Arm

Orion Spur
猎户旋臂

15000 l.y.

120°

30000 l.y.

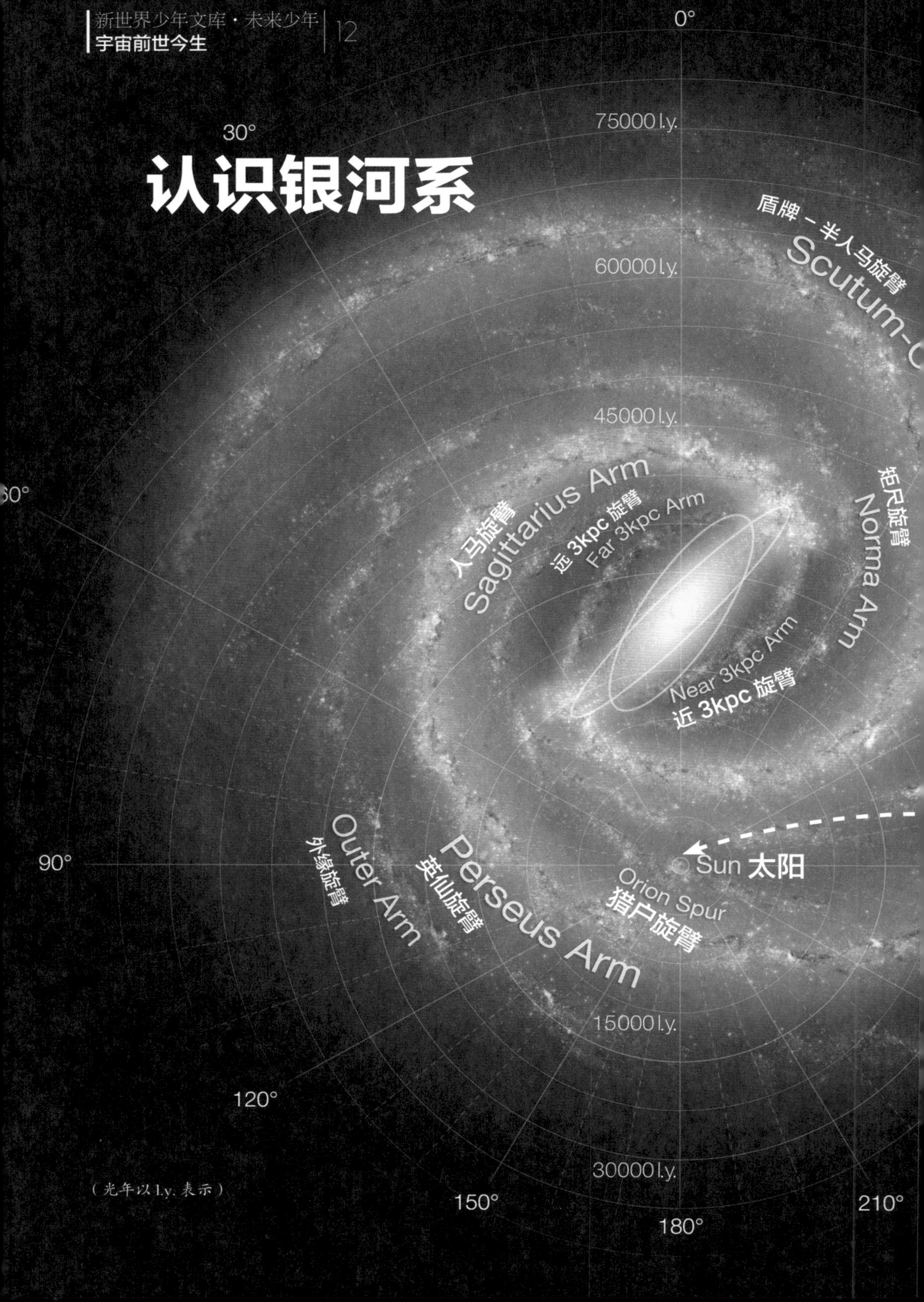

（光年以 l.y. 表示）

150°

180°

210°

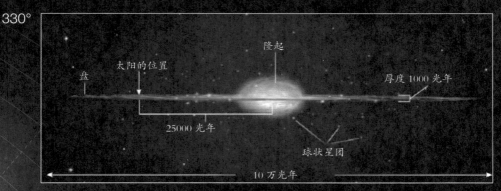

330°

隆起

太阳的位置

盘

厚度 1000 光年

25000 光年

球状星团

10 万光年

这是从侧面看银河系的图像，像极了一个薄薄的圆盘

300°

就像我们写地址时会写明所在的城市和街道一样，地球在宇宙中的地址可以写成银河系猎户旋臂太阳系。如左图所示，在布满星星的旋臂上，整个太阳系就在离银河系中心处不远的一个不起眼的地方。那么，问题来了：我们怎么知道的？

想象一下：你是一棵扎根于森林的魔法之树，有数十亿的同伴。你有一双眼睛可以看到周围的情况，但是你不能行走。你的任务是确定整个森林的形状，并且标出你的位置。这并不简单，对不对？

"不识银河真面目，只缘身在此河中。"我们身处银河系中，想要通过观察所处位置的周边环境来描绘银河系的形状，真是不容易！

270°

在一些文化中，对银河系的描述反映了人们早期的生活环境。比如，因纽特人认为银河是一条雪带，而波利尼西亚人将银河的黑色空隙比喻为吞食云的巨大鲨鱼。

英国的托马斯·赖特（Thomas Wright）是最早用立体形象描述银河的人之一。1750 年，他提出宇宙中的所有恒星都被夹在两层球壳间的薄薄的球层内，就像夹在地壳和地心之间的地幔中一样。在赖特的模型中，太阳就在上下两层球壳正中间的位置。因为恒星层很薄，沿着球壳内外两个方向是

240°

太阳系在银河系中的位置

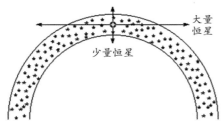

1750 年，托马斯·赖特提出，宇宙中的所有恒星都被夹在两层球壳间的薄薄的球层内

观察不到多少恒星的，而如果沿着恒星层伸展的方向观察，视野中就会充满恒星。

18 世纪，天文学家开始绘制二维的星图。随着天文学研究的不断深入，星图上的恒星越来越多，天文学家也越来越了解宇宙。到了 18 世纪中期，天文学家的视野变得越发开阔，开始设法绘制三维的星图，并解读银河这条从地平线一端延展到另一端的布满恒星的带状物。18 世纪末，著名的英国天文学家威廉·赫歇尔（Wilhelm Herschel）找到了正确的方向。他是第一个尝试用科学的方法描述宇宙结构的人。赫歇尔在天空中选择了 683 块区域，然后通过自制的望远镜计算每一块区域的恒星数量。他假设所有恒星的真实亮度都是

相同的，据此确定恒星的距离，然后勾勒出宇宙的轮廓。

赫歇尔绘制的天体图显示的银河系呈扁平的纺锤形。他也确定了太阳在银河中的位置，大概就在"纺锤"的中心。

赫歇尔在去世前宣布，他对宇宙尺度和形状的研究还存在很大的不确定性。作为一位追寻真理的科学家，他承认自己的望远镜和理论的局限，但他应用科学方法而不是靠猜想来进行研究，为现代天文学开辟了道路。在赫歇尔时代，银河系和宇宙是同义词。没有人会想到银河系只是苍茫宇宙中漂浮的千亿星系"岛屿"中的一个。直到 19 世纪末，天文学家才研究出拍摄和探测太空深处的方法。1901 年，根据恒星间的距离和运动情况的新数据，我们星系的第一个真正意义上的模型出现了。

在这个模型中，天文学家将银河系描绘成一个类似煎饼的扁平圆盘，它的直径约为 2.6 万光年，厚度约为 6500 光年。天文学家表示，我们看到的银河是星系的截面，就像我们从侧面看一顶草帽时只能看到帽檐一

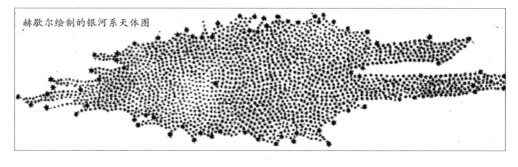

赫歇尔绘制的银河系天体图

样，我们看到的银河是一条带子。

　　不过，太阳在星系中的位置仍然是个恼人的问题。我们是不是像赫歇尔所说的处于银河系的中心呢？美国天文学家哈洛·沙普利（Harlow Shapley）解答了这个一直悬而未决的问题。1918 年，沙普利开始测量球状星团的距离。球状星团由许多年老的恒星紧密聚集在一起而成团，其中许多恒星是赫歇尔最先发现的。沙普利发现这些星团不是分布在星系盘中，而是分布在星系晕里。他最终确定银河系并不是以太阳为中心的，其实际中心在离太阳约 3 万光年的地方，从地球上看去正是人马座的方向！

　　在这之后，更加精确的观测不断刷新我们对银河系形状和结构的认识。现在我们知道，银河系是一个棒旋星系。与一般的旋涡星系类似，银河系有位于中心的凸起的核球、扁平的银盘和包裹着银盘的球形银晕。而与一般的旋涡星系不同的是，银河系中心还有一根连在核球上的棒。核球和棒都是由密集分布的恒星组成的，

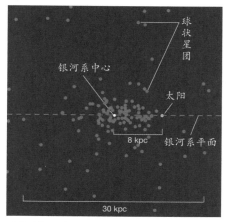

沙普利根据球状星团的分布规律找到了银河系的中心，图中 kpc 为千秒差距，天文学的长度单位（1 kpc=3261.6 光年）

在核球的中心，有一个超大质量黑洞。在银盘上，明亮的年轻恒星集中于棒两端的两条大旋臂和若干条小旋臂中（也有研究者认为是四条大旋臂），旋臂之间是气体和尘埃。在银晕中零散分布着少量老年恒星。银河系的直径为 10~18 万光年，平均厚度大约为 1000 光年。

　　我们的太阳就在其中的一条小旋臂——猎户旋臂上围绕着银河系中心运转。我们肉眼看到的多数恒星都是猎户旋臂上的邻居。就这样，我们足不出户也能知道自己住在哪里。

在南极观察到的银河系，右下角是南极科考站

太阳系向外

90°

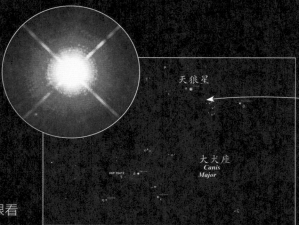

天狼星之所以是天空最亮的恒星，是因为它距离太阳系很近，只有 8.6 光年。天狼星是一个双星系统，两颗恒星互相围绕公转。图为用哈勃空间望远镜拍摄到的天狼星及其伴星，伴星位于左下方

天狼星

120°

大犬座
Canis Major

HIP 35412

天狼星也叫大犬座 α 星，距离太阳系 8.6 光年；军市一也叫大犬座 β 星，位于本地泡的远端。军市一处于氢聚变燃烧的晚期，之后其氢元素将会耗尽并开始氦聚变反应

从太阳系向外看，我们肉眼看到的是一个个星座。星星处于同一个星座，只是表明从地球上看，它们的方位相同，而在宇宙中，它们并不一定是相邻的。假如在一个星座中有 20 颗比较亮的星星，也许这些星星中有 15 颗离我们很近，而另外 5 颗可能离我们很远很远。

科学家通过仪器观测和计算，可以把这些平面的星座还原成实际存在的立体的星系结构。

在"泡泡"中

我们的太阳系身处一个"泡泡"中。这个"泡泡"的直径约为 300 光年，也被称为本地泡。本地泡旁边还连着其他大"泡泡"，从远处看，就像悬浮在宇宙中的肥皂泡一样。之所以说是个泡泡，是因为这里的气体非常稀薄，密度仅有银河系星际物质平均密度的十分之一。据天文学家分析，在 1000 万年以前，靠近太阳系的一颗或数颗超新星爆发，推动周围的星际物质，"吹"出了这个本地泡。

本地泡中还有离我们的太阳系最近的邻居：半人马座 α 星（距离 4.2 光年）、巴纳德星（距离 6 光年）、沃尔夫 359（距

Near 3kpc Arm
近 3kpc 旋臂

Perseus Arm
旋臂

Sun 太阳

Orion Spur
猎户旋臂

270°

15000 l.y.

150°

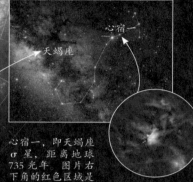

心宿一，即天蝎座
σ 星，距离地球
735 光年。图片右
下角的红色区域是
由心宿一周围的星
尘物质反射其发射
的光所致

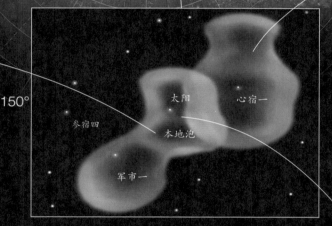

太蝎座

心宿一

太阳

参宿四

本地泡

军市一

太阳和它的一些恒星邻居栖身在本地泡内

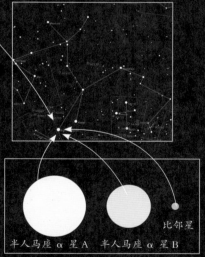

比邻星

半人马座 α 星 A　　半人马座 α 星 B

半人马座 α 星，也叫南门二，是一个三
合星系统（由三颗恒星组成的系统）。南
门二是距离太阳最近的恒星系，其中的比
邻星，距离太阳只有 4.2 光年。因为南门
二距离地球相对较近，所以在与星际旅行
相关的冒险小说中，通常将它当成"第一
个停靠港口"

离 7.8 光年，在科幻剧《星际迷航》
中，联邦舰队与博格人在此交战）、
拉兰德 21185（距离 8.2 光年）和
天狼星（距离 8.6 光年）。要注意的
是，虽然巴纳德星距离太阳系很近，
但它是一颗黯淡的红矮星，在地球上
无法用肉眼看到。而较远的天狼星因
为发光强，是天空最亮的恒星。不过，
如果论起"追随"地球时尚，巴纳德
星附近的居民（如果有的话）要比天
狼星早 2.6 年。

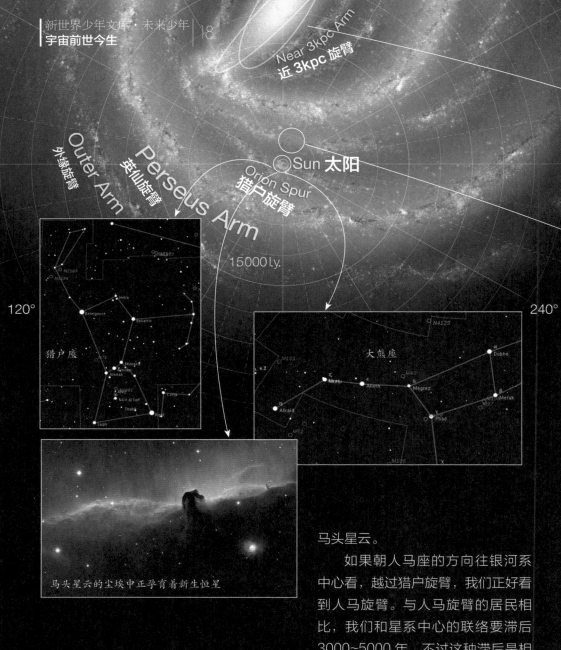

Near 3kpc Arm
近 3kpc 旋臂

Outer Arm
外缘旋臂

Perseus Arm
英仙旋臂

Sun 太阳

Orion Spur
猎户旋臂

15000 l.y.

120°

240°

猎户座

大熊座

马头星云的尘埃中正孕育着新生恒星

马头星云。

如果朝人马座的方向往银河系中心看，越过猎户旋臂，我们正好看到人马旋臂。与人马旋臂的居民相比，我们和星系中心的联络要滞后3000~5000年。不过这种滞后是相对的，人马座三叶星云上的居民现在望向地球的话，应该可以看到摩西带领犹太人逃出埃及（如果他们有望远镜的话）。

礁湖星云和三叶星云都拥有大量的气体和尘埃，在这里，新的恒星正

往银河系中心看

在本地泡外居住着我们所在的猎户旋臂上的其他成员。组成星座的恒星大部分都在猎户旋臂上，比如大熊座的北斗七星。我们所在的旋臂上闪耀着壮丽的猎户座和

人马座 A 中的人马座 A* 位于银河系中心，
这里可能有离我们最近的超大质量黑洞

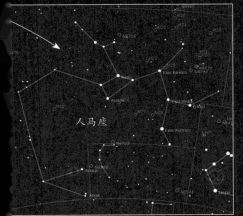

人马座

三叶星云的尘埃中正孕育着新生恒星

在诞生。由于这些恒星中的尘埃和气体遮挡了可见光，所以我们只能看到模模糊糊的一团。不过，天文学家已经能够通过无线电波和红外线"探听"人马旋臂之内的情况。他们发现并命名了 3kpc 旋臂、矩尺旋臂和盾牌-半人马旋臂。

从盾牌-半人马旋臂方向再往银河系中心看，我们会遇到人马座 A。人马座 A 由 3 个部分组成：超新星遗迹的人马座 A 东星、螺旋结构的人马座 A 西星以及人马座 A*。人马

座 A* 位于银河系的中心，这是一个非常明亮且致密的无线电波源，很有可能是离我们最近的超大质量黑洞的所在，因此被认为是研究黑洞的最佳目标。

往银河系外面看

往银河系外面看，经过猎户旋臂，我们看到的是英仙旋臂。在这条断断续续的旋臂上诞生了著名的蟹状星云。大约在 950 年前，一次剧烈的超新星爆发创造了这个美丽的星云。在英仙旋臂外，是一条

Near 3kpc Arm
近 3kpc 旋臂

Sun 太阳

外缘旋臂
Outer Arm

英仙旋臂
Perseus Arm

Orion Spur
猎户旋臂

15000 l.y.

120°

240°

金牛座

金牛座中的蟹状星云

条尘埃带。然后，大约 3 万光年位置是我们想象中的银河系边界。

太阳系绕银河系中心一圈需要 2.4 亿年。幸运的我们可以看到星系边界之外广袤的宇宙，而那些居住在银河系中心拥挤的核球上的居民，被太多的星球发出的光照耀，可能从未经历过夜晚或者看到遥远星系的微弱星光。视野开阔的我们知道宇宙中有数千亿个银河系这样的星系。

银河系是本星系群中的一员，本星系群中最大的成员是位于仙女座方向的仙女座星系，我们所处的银河系排名第二。仙女座星系很亮，即便相隔 250 万光年，我们仍能在北半球用肉眼看到。以此推测，在仙女座星系上见到的地球还是猛犸象奔走的时代！

我们的本星系群又是一个疆域达上亿光年的超星系团的组成部分。

在这个超星系团中，离我们最近的邻居是室女座星系团，距离银河系7000万光年。这里的居民应该刚获知恐龙灭绝的消息。不过，在5亿光年外的后发星系团的居民还没听说过恐龙呢。

天文学家还发现了一些更加遥远的星系，有的距离我们100亿～120亿光年。在它们的光刚出发的时候，我们的太阳系还没有形成！

我们无法从星系之外看到自己在星系中的模样，但是通过观察我们的邻居，我们能够更多地了解自己的家园。至少我们清楚地知道，在猎户旋臂上的生活还不错！

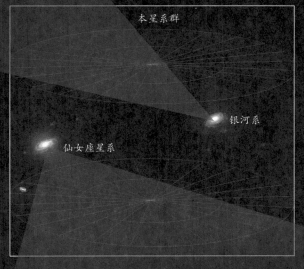

本星系群

银河系

仙女座星系

仙女座星系是一个螺旋星系，距离地球大约250万光年，是人类肉眼可见的最近的深空天体（只能在远离城市光污染的环境下观看）。仙女座星系被认为是本星系群中最大的星系，直径约20万光年，外表颇似银河系

从地球出发了解宇宙

地球

地球是太阳系八大行星之一，与太阳的距离（由近至远）位列全系第三，半径约6371千米，是太阳系中密度最大的行星。地球是人类和数百万种生物的共同家园，也是目前宇宙中已知的唯一存在生命的天体。

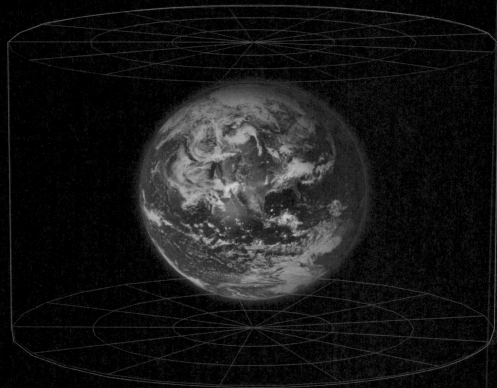

阿波罗8号的宇航员在距地球38.4万千米的绕月轨道上拍摄的地球照片

2013年卡西尼号在土星轨道外回望地球时拍下的照片，图中右下方的光点就是地球，此时的卡西尼号距离地球14.4亿千米

1990年旅行者1号拍下的著名的照片《黯淡蓝点》，显示了地球悬浮在太阳系漆黑的背景中，此时的旅行者1号距离地球64亿千米

太阳系

太阳系是一个以太阳为中心、受太阳引力约束在一起的天体系统，围绕太阳公转的有 8 颗行星及其卫星，还有矮行星、小行星和彗星。在太阳系外围，海王星轨道之外，有柯伊伯带和离散盘，再往外是奥尔特云。奥尔特云直径为 4 光年，这也被认为是太阳系的直径。

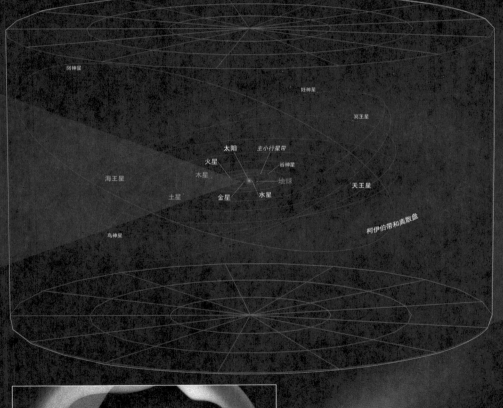

紧接下页

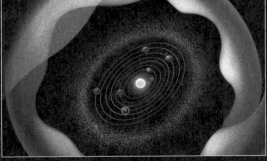

奥尔特云包裹着太阳系，它的最远处距离太阳约 2 光年，相当于太阳和比邻星距离的一半这里是长周期彗星的发源地

本地云

以太阳为中心，直径 30 光年的范围叫本地星际云。本地星际云中最靠近太阳的是三合星半人马座 α 中的比邻星，距离太阳大约 4.2 光年。位于本地星际云中的天狼星，质量大约是太阳的 2 倍，因为靠近太阳（距离仅 8.6 光年），而成为最明亮的恒星。

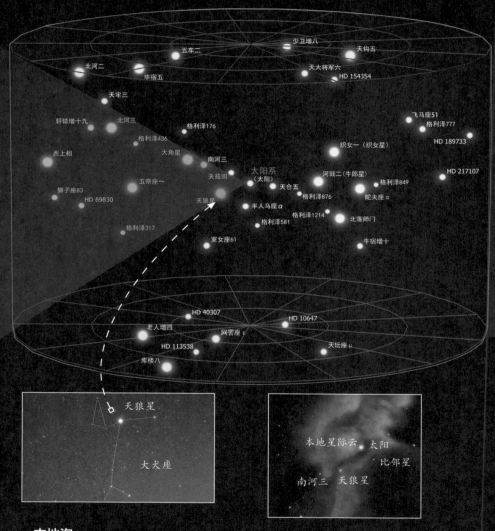

本地泡

本地泡直径约 300 光年，是位于银河系猎户旋臂的星际物质中的一个空腔。多数的天文学家相信本地泡是由十几颗超新星在附近一个移动的星团中爆炸，将该处星际物质的气体和尘埃推开所形成的。距我们最近的一次爆炸发生在 230 万年前。

星系

星系指一个包含恒星、星团、星云、尘埃、气体、黑洞和暗物质，并且受到引力束缚的天体系统，空间尺度为几千至几十万光年。典型的星系，从只有数千万颗恒星的矮星系到包含上万亿颗恒星的椭圆星系，全都环绕着质量中心运转。我们所在的银河系，是一个直径为10万光年，由2000亿~4000亿颗恒星组成的棒旋星系。

可以说星系是构成宇宙的基本单元，在可观测宇宙中，星系的总数可能在1000亿个以上。

银河系

阿塔卡玛大型毫米/亚毫米波阵列望远镜
所在的智利安第斯山夜空中的银河

紧接下页

星团

星团是比星系小的天体组合，由数百到数千颗恒星组成。星团中的成员可以朝大致相同的运动方向在空间中移动。

星系团和星系群

星系团由数百到数千个星系组成，通常尺度超过 1000 万光年。包含了少量星系的星系团叫作星系群。银河系就处于本星系群里，本星系群中大约有 50 个星系，占主导地位的是仙女座星系、银河系和三角座星系，其余的是较小的矮星系。距离本星系群较近的一个星系团是室女座星系团，包含了超过 2500 个星系。

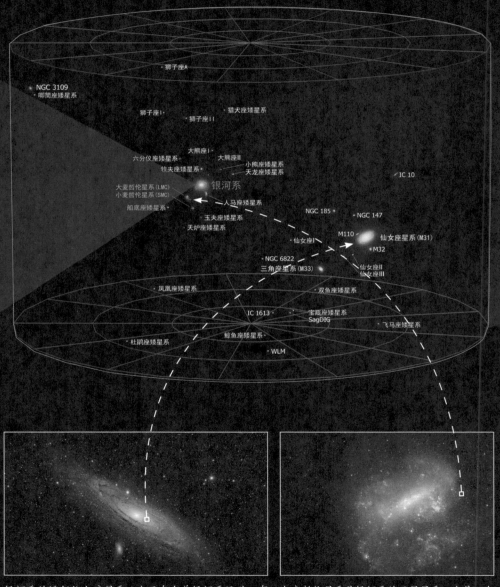

银河系的近邻仙女座星系，它正在向着银河系运动，有朝一日两个星系会相撞而合为一体

大麦哲伦星系是银河系的卫星星系，它是一个不规则星系

超星系团

超星系团是比星系团和星系群更大的结构，尺度跨越数亿光年。

我们所处的是室女座超星系团，直径为 1.1 亿光年，包含大约 100 个星系群和星系团。

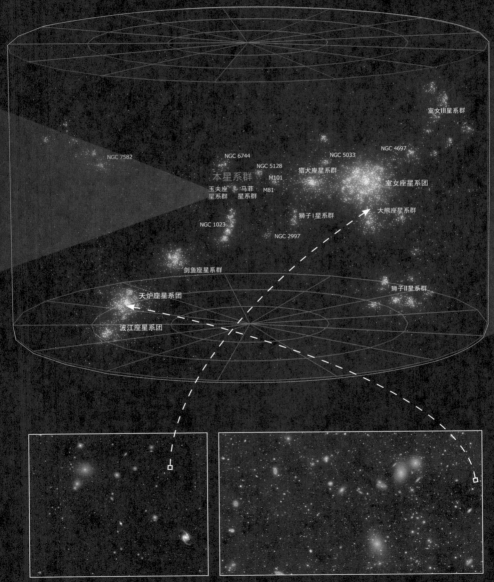

室女座超星系团的中心是一个比本星系群大得多的星系团——室女座星系团（Virgo cluster）

美国国家航空航天局的大视场红外巡天探测者拍摄的天炉座星系团（Fornax cluster）

紧接下页

超星系团复合体

超星系团复合体是目前为止在宇宙中发现的大尺度结构之一，可能跨过数十亿光年的空间，超过了可观测宇宙的 5%。我们所在的双鱼-鲸鱼超星系团复合体大约有 10 亿光年长，1.5 亿光年宽。

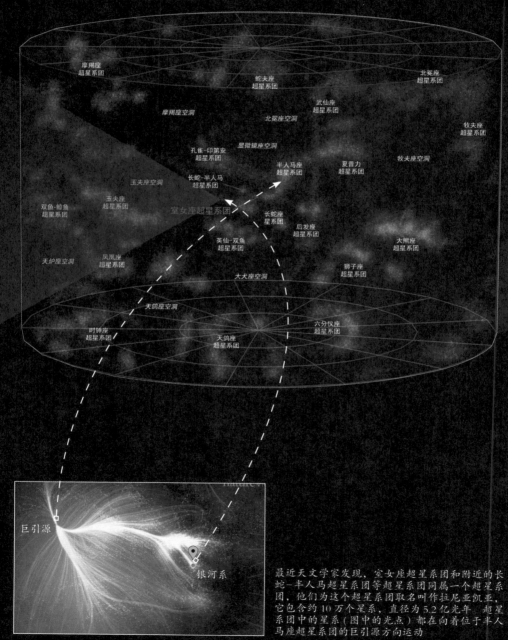

最近天文学家发现，室女座超星系团和附近的长蛇-半人马超星系团等超星系团同属一个超星系团，他们为这个超星系团取名叫作拉尼亚凯亚，它包含约 10 万个星系，直径为 5.2 亿光年。超星系团中的星系（图中的光点）都在向着位于半人马座超星系团的巨引源方向运动

可观测宇宙

人类可观测的宇宙直径约为 920 亿光年，是一个由超星系团、大尺度纤维状结构和空洞组成的呈泡沫状的超大结构。可观测宇宙中包含超过 1000 亿个星系。

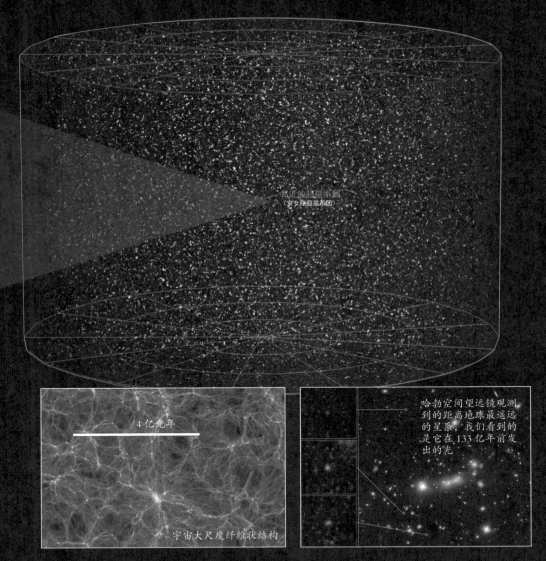

附近的超星系团
（室女座超星系团）

4亿光年

宇宙大尺度纤维状结构

哈勃空间望远镜观测到的距离地球最遥远的星系，我们看到的是它在 133 亿年前发出的光

不可观测宇宙

在可观测宇宙之外的区域是不可观测的宇宙区域，来自那里的光未能到达地球，我们无法得到那里的任何信息。如果那里有和我们相同的自然规律，那很可能也是由星系构成的泡沫状超大结构。

天体测量的单位

人类使用天文距离单位的历史，从侧面体现了人类了解宇宙的进程。

我们习惯用天文数字来表达数量非常巨大，因为天文学总是跟各种巨大的数字打交道，比如恒星的质量、星系中恒星的数量以及天体之间的距离。如果采用公制长度单位，仅太阳和地球间的距离就有 1.5 亿千米，而整个太阳系在银河系中简直比尘埃还要渺小。显然，在天文学上用米或者千米作为距离单位是很不方便的，因此，天文学家采用了一些更大的单位，例如天文单位、光年和秒差距。

天文单位

天文单位（AU）最初指的是太阳和地球间的平均距离，现在的严格定义是 149597871 千米。在行星科学领域，这个单位很常用。例如，火星到太阳的距离是 1.5 天文单位，冥王星到太阳的距离约为 39.5 天文单位。不过，对于星际尺度，这个单位并不够用。太阳和最近的比邻星间的距离用天文单位表示是 268000 天文单位，当距离更大的时候，用天文单位就更不方便了。

光年

在更大的星际尺度上，天文学家会使用另外一个长度单位——光年（l.y.）。光年这个概念非常容易理解，即光在真空中沿直线传播一年的距离。真空中的光速大概是每秒 30 万千米，所以光年是一个相当大的单位，1 光年约等于 9.4607×10^{15} 米（63241 天文单位）。用光年作单位的话，比邻星和太阳之间的距离就是 4.2 光年，非常方便。

秒差距

虽然我们看到的各种科学类新闻上都是用光年作单位，但天文学家在工作中更习惯用的是另一个单位——秒差距（pc）。秒差距是和光年的数量级差不多的单位，1 秒差距等于 3.26 光年，为什么天文学家更倾向于用这个单位呢？

秒差距不仅仅是一个长度单位，它还跟测量长度的方法——视差法相关。视差是个很容易理解的概念，将你的手指放在距离双眼中间约 8 厘米处，先用左眼看，再用右眼看，你会感觉手指相对于背景的位置发生了移动，这就是视差。手指距离双眼中间越近，视差就越大，反之则越小，所以视差可以用来测量距离。

天文学家利用地球公转，在地球处于绕日公转轨道两端时，观察被测恒星相对于背景恒星的位置，从而测出视差，计算出被测恒星与地球之间的距离。例如在3月21日用望远镜拍下被测恒星和背景恒星的照片，半年后，再次拍摄被测恒星和背景恒星。比较两张照片，我们就可以发现被测恒星相对于背景恒星移动了多少角度，这个角度的一半就是视差的值。而当

视差等于1角秒，也就是1/3600度时，被测恒星到地球的距离就被定义为1秒差距。

红移值

对于那些非常遥远的星系和类星体等天体，光年和秒差距仍然显得有点小，这类天体和我们的距离通常都达到了几百亿光年或秒差距。这时候，天文学家有时会直接用红移值（z）来描述距离。红移是当我们观测一颗星星时，这颗星星的光谱会向红色一端移动的一种现象。某个天体的红移值 z 可以直接换算为该天体到我们地球的距离。例如我们观测到天体发出的光的红移值为1，可以说这束光是由距我们78亿光年的天体发出来的。

为什么通过分析星星的光线，就可以知道这颗星星和我们的距离呢？这里要用到一个宇宙学中最基本也最重要的定律——哈勃定律。

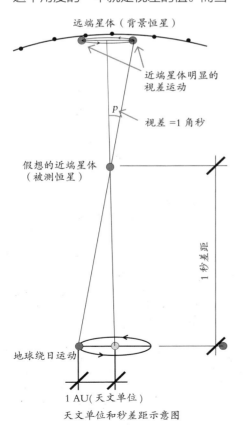

远端星体（背景恒星）

近端星体明显的视差运动

P

视差 = 1 角秒

假想的近端星体（被测恒星）

1 秒差距

地球绕日运动

1 AU（天文单位）

天文单位和秒差距示意图

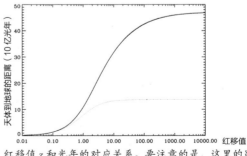

红移值z和光年的对应关系。要注意的是，这里的距离，是光线刚被发出时，发光天体与我们之间的距离（红线），而当我们今天看到这束光时，这个天体早已移动到其他的位置（黑线）

哈勃定律

美国天文学埃德温·鲍威尔·哈勃（Edwin Powell Hubble）在 20 世纪 30 年代通过观测，证实银河系外其他星系的存在，并发现了大多数星系发出的光都存在红移现象。通过统计分析已测得距地距离的 20 多个星系的光谱，他发现了一个可以帮助天文学家确定更多星系的距地距离的规律——哈勃定律。

哈勃认为宇宙在膨胀，也就是说宇宙中的星体正在以一定的速度离我们远去，而这个速度存在一定的规律，他发现：星系离我们远去的速度与距地距离成正比，也就是说，一个星系离我们越远，它远离我们的速度越快。根据这个规律，我们可以推算出很多结论，包括可以根据星体离开我们的速度算出这颗星体与我们的距离。

哈勃是公认的星系天文学创始人和观测宇宙学的开拓者，被天文学界尊称为星系天文学之父。

那么，哈勃是怎么知道星系离开我们的速度的呢？这就需要解释光谱和红移了。

光谱和红移

牛顿在 300 多年前就发现可以用棱镜将太阳光分成七色光。现在，天文学家可以使用光谱仪，对进入望远镜的光做类似的研究。

光被分解后形成的图案就是光谱。观察下图，你会发现在色带中有很多像栅栏一样的黑暗的竖线穿过。这些暗线表明光在离开星球时穿过了某些化学物质，这些化学物质会吸收特定波长的光。例如，太阳光的光谱上在黄色接近红色的部分有两条相邻的暗线，这是由于大气中的钠吸收了波长为 589.592 纳米和 588.995 纳米的黄色光。这些暗线在光谱中的位置都是固定的，也就是说化学物质吸收的相应的光的波长是固定的。

但如果你把某天体发出的光的光谱和实验室生成的对应的光谱放在一起对比，会立刻看到奇怪的现象：两条光谱的暗线和亮线的排列有偏差，相对于实验室生成的对应光谱，星系光谱会向红色一端移动，这种现象就叫作红移。

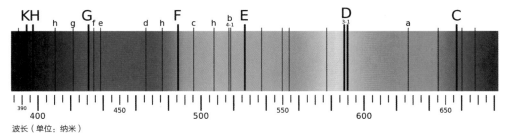

波长（单位：纳米）

太阳光的吸收光谱，在黄色接近红色的部分有两条相邻的暗线（D 位置），这是大气中的钠吸收了部分黄色光导致的，字母代表不同的元素，它们形成了暗线

哈勃定律：星系的退行速度和距地距离成正比

我们知道当火车靠近时其鸣笛声音调会变高，这表明声音的波长因火车向着我们运动而变短；而当火车离开时，鸣笛声会变低沉，表明声音的波长变长了。这个现象就是多普勒效应。

与此类似，星系的光谱发生红移，也就是发出的光的波长变长了，说明该星系就如鸣笛声变得低沉的火车一样，正离我们而去。测出星系发出的光的红移值，就可以确定星系远离我们的速度（退行速度）。

建立立体的宇宙模型

通过观测星系的光谱，测出它们的红移值，就能帮助天文学家确定它们与我们的距离，再根据星系在星空中的方位，就可以绘制出星系在宇宙中分布的立体图。

办法虽然有了，但测量星系的红移值是非常艰巨的工作。之后，天文学家又花了50多年，在新的望远镜的帮助下进行了更多的观测，宇宙的结构终于在人们面前逐渐显现出来。

1975年，哈佛－史密松森天体物理中心的天文学家开始了一项天文学有史以来最为令人激动和富有挑战性的任务：绘制宇宙的大尺度三维结构天体图。

要制作一张天体图，首先要收集大量数据，对天文学家来说，这意味着要在望远镜前度过无数漫长的黑夜。他们使用位于亚利桑那州霍普金

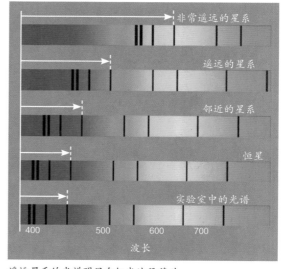

遥远星系的光谱明显向红光波段移动

斯山上的 1.5 米口径望远镜, 一个接一个地观测了 2000 多个星系的光谱。一个晴朗的夜晚, 大概能观测 20 个星系。于是, 在接下来的两年中, 这些天文学家每个月都有一半的时间待在这座位于美国和墨西哥边境以北 55 千米的孤山上。

观测结果表明, 制作 3D 天体图是可能的。不过通过两年的观测得到的数据实在有限, 他们只制作了本星系群的天体图, 这仅仅是宇宙的表面。

1985 年, 哈佛-史密松森天体物理中心又开始了一项为期 10 年的星系巡天计划。这次天文学家使用了更强大的望远镜, 能观测到更加暗淡的星系。这次的策略是把天空分为若干条横带, 然后观测每条横带中的星系。完成第一条横带的观测后, 天文学家绘制了星系的分布图。图中显示, 星系在太空中并不是如人们之前想象的那样随机分布的, 而是聚集成星系团。更令人惊异的是, 星系团的分布也不是随机的, 它们集中在巨大空洞的表面, 而空洞内部几乎是空无一物的。可以说, 在大尺度上, 星系是呈泡状分布的。

在完成了更多横带的观测后, 天文学家发现了一个跨度达 5 亿光年的布满星系的结构, 它很快有了一个名字——长城。现在我们把它叫作 CfA2 长城。

这次巡天观测虽然让天文学家对宇宙有了全新的认识, 但它探索的深度和广度都很有限。天文学家对此并不满足, 在接下来的几十年中, 他们开始进行规模更大的星系巡天计划, 去观测那些更暗、距离更遥远的星系。在斯隆基金会的资助下, 一些大学和研究机构的天文学家联合起来, 开始了斯隆数字巡天计划 (SDSS)。为了这次巡天计划, 他们甚至建造了专门的望远镜。这台望远镜虽然不算大, 口径只有 2.5 米, 但它是专为巡天设计的, 有许多适合进行这项任务的优点, 例如可以同时测量多个星系的光谱。

2000 年, 斯隆数字巡天计划正式开始, 经过多年观测, 已经覆盖了超过整个天空 1/4 的面积, 测量了 93 万个星系的光谱。斯隆数字巡天发现了一座更大的长城——长达 13.8 亿光年的斯隆长城。现在天文学家绘制的天体图已经延伸至上百亿光年。

现在, 如果要告诉宇宙深处的智慧生物我们的地址, 可以这样写: 室女座超星系团本星系群银河系猎户旋臂太阳系第三行星。

坐落在人烟稀少的霍普金斯山上的惠普尔天文台

我们的拉尼亚凯亚

　　在美国新墨西哥州的阿帕契点天文台,工作人员的一项重要工作,就是将几百根纤细的光纤小心翼翼地插到一个钻了很多孔的铝制圆盘上。这个烦琐枯燥的工作尽管看起来和人们印象中浪漫的天文学不太搭调,实际上却关乎许多重要的研究和发现。插满光纤的圆盘,可以帮助我们探索星系的分布、宇宙的结构以及我们自己在宇宙中所处的位置。

科学家在圆盘上插上
连着光纤的探测器

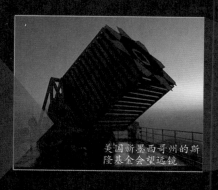

美国新墨西哥州的斯
隆基金会望远镜

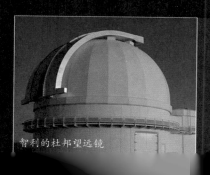

智利的杜邦望远镜

这块被称作光纤定位板的圆盘会被放在天文台2.5米口径望远镜的焦平面上，望远镜以此把来自遥远天体的光线会聚到一处。圆盘上每个插光纤的小孔的位置都是天文学家精心规划的，对应着望远镜即时观测的天区（相当于36个满月那么大）中的某个天体，例如恒星、星系等。星系发出的光进入望远镜，被会聚到一起，正好落在小孔上，沿着光纤进入光谱仪中。这样，虽然前期在插光纤时耗费了大量时间，但观测时可以同时获得数百个星系的光谱。当要观测另一块天区时，就要换另一块光纤定位板，并重新把数百条光纤一一插到对应位置。通过这样的方法，天文学家可以获得大片天区内海量星系的光谱。这种观测方法被称为巡天，而阿帕契点天文台的天文学家正在做的项目就是斯隆数字巡天计划。

分别位于北美和南美的两台巡天望远镜（图片来源：SDSS）

绘制宇宙地图

星系的光谱可以告诉我们很多信息，例如它们的温度和化学成分，而其中最为重要的，大概就是它们的红移值了。当发光物体做远离我们的运动时，它发出的光的波长会变长，整个光谱都会向红光一端移动，而红移值反映了它们相对于地球的运动速度。

哈勃进一步发现，所有的星系都在随着宇宙的膨胀而疏离，就像斑点图案的气球充气膨胀时斑点间距变大一样。星系相对于地球的退行速度和距地距离成正比，因此它们的红移值在某种程度上体现了距地距离。红移值越大，距地球就越远。通过红移巡天，天文学家可以把投影在天空中的二维星图变成三维星图。

开始于 2000 年的斯隆数字巡天项目已经进行到了第四阶段。在第三阶段时，它获得了 200 万个天体的红移数据。其实，以测量星系红移为主要目标的巡天项目有很多，远不止斯隆数字巡天这一个。例如，1997~2002 年，利用澳大利亚冷泉天文台的英澳望远镜进行的 2dF 巡天，得到了 22 万多个星系的红移数据。在 1997~2001 年进行的 2MASS 巡天计划，同时动用了分别位于南北半球的两台 1.3 米口径的望远镜，一台位于智利的托洛洛山的美洲际天文台，另一台位于美国亚利桑那州的惠普尔天文台。这个巡天计划覆盖了整个天空，得到了 300 多万个星系的红移数据。

众多巡天项目为天文学家提供了大量数据，根据这些数据，他们构建出了一幅宇宙三维图。在这幅图中，我们的地球和它所在的太阳系位于银河系的一个小旋臂上，而银河系又位于由数十个星系组成，直径约 700 万光年的本星系群中。本星系群则和室女座星系团等诸多星系团和星系群

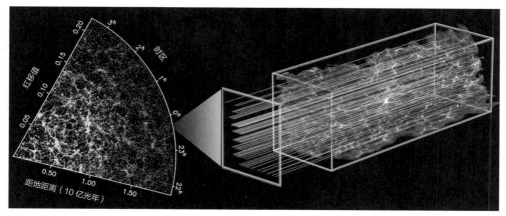

图左侧显示巡天观测的扇形片区截面，约为 5 个时区；右侧显示某一个狭窄的片区内可以观测到的宇宙立体区域

组成了横跨上亿光年的室女座超星系团（也叫本超星系团）。超星系团构成了纤维状的结构，环绕着几乎空无一物的巨大空洞。

流动的星系

根据红移得出的星系距地距离只是个粗略估计的数值，因为星系在随着整个宇宙的膨胀向远方飞奔的同时，也会在附近其他星系或星系团等的引力作用下出现额外的运动。星系的真实运动速度，是两个速度矢量相加的结果，一个是星系随宇宙膨胀的退行速度，一个是在周围天体引力作用下运动的速度，后者被天文学家称为本动速度。当然，许多星系的本动速度，要小于宇宙膨胀导致的退行速度。

天文学家根据红移值得出的速度是星系的真实运动速度，要从中扣除本动速度，得到退行速度，才能根据哈勃定律算出准确的距离。反之，如果天文学家可以通过其他手段测量出星系的距地距离，那么就能得到它们随宇宙膨胀的退行速度，再根据通过红移得到的真实运动速度，计算出星系的本动速度。例如，一个325万光年外的星系随宇宙膨胀的退行速度约70千米／秒，如果根据星系红移值测得的实际运动速度是60千米／秒，我们就可以知道，它的本动速度是10千米／秒。（只适用于三个速度处在同一直线方向上）

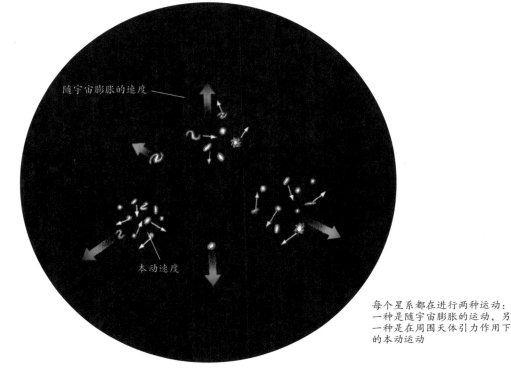

每个星系都在进行两种运动：一种是随宇宙膨胀的运动，另一种是在周围天体引力作用下的本动运动

天文学家对星系的本动速度很感兴趣。大量星系按照本动速度流动，也会显现出周围宇宙大范围内的物质分布情况。根据星系流动的规律，天文学家可以研究星系团、超星系团等的结构、起源和演化，还能为暗物质和暗能量这些未解之谜寻找线索。

滚滚的星系洪流

为了分析星系流动，美国夏威夷大学和法国里昂大学的天文学家综合分析来自多个巡天项目（如2MASS）的数据，得到了一个记录了地球周围 6.5 亿光年范围内的8000 个星系本动速度的目录。在这个目录里，他们发现了一个惊人的现象，在 4 亿光年的范围内，所有的星系和它们组成的星系团的本动速度都指向这个区域的中心，就像水往地势低的地方流动，聚集起来形成水洼

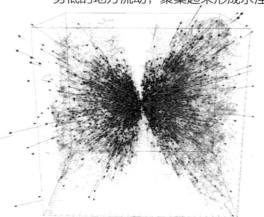

巡天项目对一定空间范围的天体的运动方向进行了测量，结果如左图。图中向着地球运动的天体是蓝色的，而远离地球运动的天体是红色的。然后再根据维纳滤波算法（Wiener Filter algorithm），模拟出地球周围 6.5 亿光年范围内的 8000 个星系以本动速度运动的轨迹，如右图

一样。这个新发现的流动结构比本超星系团大很多，天文学家为它取了个名字——拉尼亚凯亚（Laniakea），在夏威夷语中意为无尽的天堂。

这样看来，我们的宇宙地图需要更新了。太阳系仍在银河系中，银河系也仍是本星系群的一员。但是，本星系群之上就不仅仅是本超星系团了，而是拉尼亚凯亚超星系团，它是在本超星系团原有疆域的基础上，还囊括了蛇夫座星系团等大尺度结构的超星系团。

在拉尼亚凯亚超星系团中，星系之河在奔涌翻滚着。我们所在的银河系正在以 110 千米 / 秒的速度向着仙女座星系运动；包括银河系和仙女座星系在内的本星系群的所有成员，都在向同一点聚拢。

在距离本星系群 5000 万光年的地方，是星系数目超过本星系群300 倍的室女座星系团。如果只看本动速度，本星系群和室女座星系团，甚至拉尼亚凯亚超星系团中的

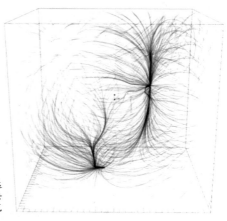

所有星系都在涌向同一个位置。早在 30 多年前，一些天文学家就注意到，银河系和整个本超星系团都在以每秒数百千米的速度向半人马座方向运动，他们把这个吸引星系的神秘质量源叫作巨引源。目前我们知道，巨引源的所在区域是拉尼亚凯亚稠密的核心地带，以它为中心的一亿光年的范围内，聚集了七个和室女座星系团差不多的大星系团，如矩尺座星系团、半人马座星系团和长蛇座星系团。这样的一个大结构，就是我们的天堂。

如果说拉尼亚凯亚超星系团是一座大都市，位于矩尺座星系团和半人马座星系团之间的巨引源就是市中心。而我们的银河系则位于偏远的郊区，已经接近了拉尼亚凯亚与另外一座城市英仙-双鱼超星系团

的边界。据天文学家估算，在拉尼亚凯亚超星系团中，所有物质（既包括普通物质，也包括真身不明的暗物质）的总质量大约相当于 10 亿亿个太阳。

分析星系流动让我们发现了拉尼亚凯亚超星系团的真身。但这些数据所透露的信息还不止于此。天文学家还注意到，目录中的 8000 多个星系——既包括拉尼亚凯亚的成员，也包括更遥远的星系，其本动速度的运动方向都一致指向巨引源背后更加遥远的地方。那里是局域宇宙中已知物质最为稠密的地方——沙普利超星系团。甚至 14 亿光年之外的星系，都在遵循同样的运动规律。这样壮观的星系洪流体现了怎样的宇宙结构？这个问题需要通过更多更大的巡天项目来回答。

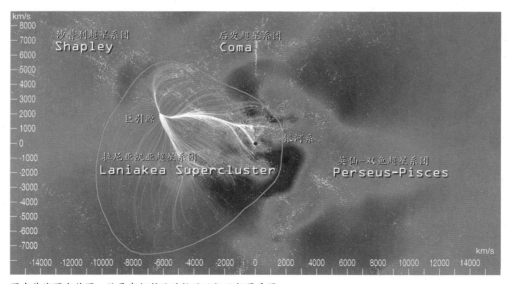

图中黄线圈内范围，就是我们所处的拉尼亚凯亚超星系团

第 II 章

[推测]
[宇宙]

宇宙从何而来?

在壮美的阿尔卑斯山脚下,有一圈长达 27 千米的环形隧道被深埋在 100 多米深的地下。两个铅离子被推入轨道,开始做相对运动,成吨的液氦不断冲刷着轨道,使轨道温度保持在接近绝对零度(零下 273.15 摄氏度),在如此低的温度下,安置在轨道上的 1700 个超导磁铁产生了巨大的推力,使两个铅离子在四天时间内加速到了每秒绕轨道 11000 圈的速度,相当于光速的 99%。加速还在继续,这时的铅离子能量已经高达 1150 万亿电子伏特。嘭!就在一瞬间,两个铅离子对撞在了一起,产生温度高达 10 万亿摄氏度(相当于太阳核心温度 67 万倍)的亚原子火球。探测器以每秒 4000 万张照片的速度精确地记录了爆炸的每一个瞬间。这条隧道就是人类历史上最大的科学仪器——大型强子对撞机。在这台造价 40 亿欧元的仪器中,模拟了那创世之初的大霹雳——宇宙大爆炸。

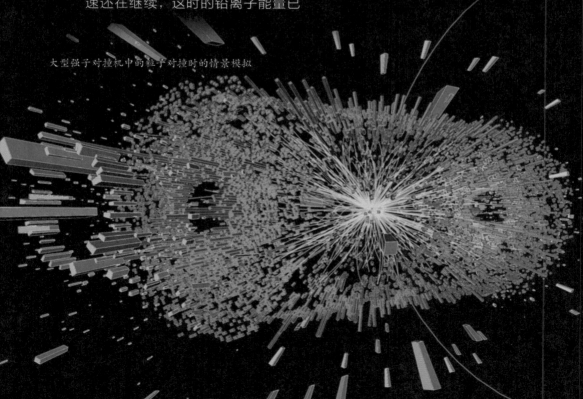

大型强子对撞机中的粒子对撞时的情景模拟

大爆炸理论从何而来

宇宙是什么样子的？从何而来？人类自文明产生以来一直在思考这个问题。而几乎每个文明都能给出许多不同的答案。在科技发达的今天，我们很难想象一些错误的理论曾经在相当长的时间里主导着人类的宇宙观，但正是在不断探索和求真的过程中，人类才越来越了解宇宙的真正面貌。

我们有理由相信，宇宙有一个开端。

始于一场爆炸？这个假说是比利时天文学家和宇宙学家乔治·勒梅特（Georges Lemaître）于 1927 年首次提出的。

宇宙大爆炸假说在一开始被人们视为无稽之谈。据说，有位科学家曾在一次会议上向大家介绍宇宙大爆炸理论，引起了哄堂大笑。

爆炸其实就是一种急速膨胀。那时候，天文学家埃德温·哈勃一直在研究宇宙的膨胀，他在威尔逊山天文台上耗费了巨大的精力，利用口径为 2.5 米的胡克望远镜建立了一系列天文距离指标，这是宇宙学距离尺度的前身。这些指标使他能够通过观测星系的红移来推测星系与地球之间的距离。他发现宇宙中不仅存在其他星系，而且所有的星系就好像爆炸后的弹片一样彼此逃离开来，相距越来越远。

勒梅特认为，宇宙膨胀意味着当时间回溯时，它会发生坍缩，这种情

1933 年的乔治·勒梅特

形会一直持续下去，变小，再变小，一直到它不能再坍缩为止。此时宇宙中的所有质量都会集中到一个极小的"原生原子"上，宇宙的空间结构就是从这个"原生原子"产生的。于是，科学家推测，我们的宇宙形成于一场大爆炸。

宇宙大爆炸理论太空泛了，科学家还需要找到更多的证据来支撑这个理论。

"光化石"的考证

1940 年，宇宙学家伽莫夫（Gamow）提出了热大爆炸宇宙学模型，他认为，宇宙最初开始于高温高密的原始物质。伽莫夫与他的学生阿尔菲（Alpher）和赫尔曼（Hermann）预言，如果大爆炸真的存在，在大爆炸后的宇宙初期，光子在极高的温度和密度下被束缚在质

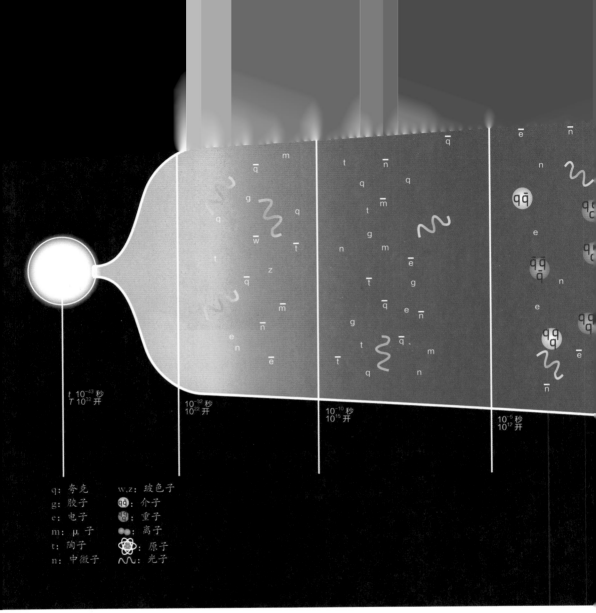

子和电子之间，不能自由传播，整个宇宙像一团不透明的黑雾。随着膨胀，宇宙冷却到某个温度时，质子和电子结合形成原子，光子脱离质子和电子开始自由传播，这些光子是宇宙产生后的第一束光。这段时间通常被称为脱耦时期，这时宇宙的温度约为3000开（开氏温标换算为摄氏温标要减去273.15）。

随后，由于空间急剧膨胀，这些光的波长也逐渐变长。阿尔菲和赫尔曼认为，如果我们在100多亿年后的今天进行观测，这些"光化石"应该相当于温度为5开的黑体辐射的微波。这个假设当时无法被实验证实，直到1965年。

1964年，美国贝尔电话实验室为了跟踪卫星，新研制了一种高

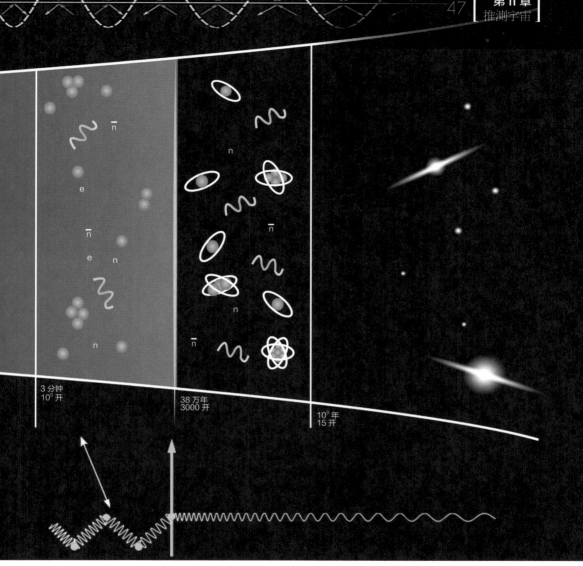

3 分钟
10^9 开

38 万年
3000 开

10^9 年
15 开

灵敏度的微波接收天线。两位无线
电工程师阿诺·彭齐亚斯（Arno
Penzias）和罗伯特·威尔逊（Robert
Wilson）在检测这种微波接收天线
时却接收到一种来自所有方向的噪
声。1965 年初他们对整个系统进行
了检查，没有发现任何问题。他们甚
至怀疑是天线上的一种特殊白色物
质——鸟粪在作怪，但是清除鸟粪之

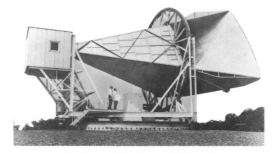

阿诺·彭齐亚斯和罗伯特·威尔逊的微波接收天线

后，噪声依旧存在。

最后，通过反复的试验和测试，他们发现这种噪声是一种微波辐射。这种辐射在任何方向、任何时间都存在，而且完全不受地球公转和自转的影响。这一切都说明，这是一种来自太阳系甚至银河系以外的微波辐射，这种辐射就是宇宙的背景辐射。这个意外的发现使彭齐亚斯和威尔逊赢得了 1978 年的诺贝尔物理学奖。

宇宙背景辐射的发现基本上确定了宇宙大爆炸理论的科学性，后来又有一系列的实验发现佐证了宇宙大爆炸理论的正确性。比如，宇宙物质丰度的测量、COBE 卫星探测等，因为这些成果，宇宙大爆炸理论统治学术界 40 余年。

根据最新的观测结果计算，宇宙大爆炸发生于距今约 138（137.98 ± 0.37）亿年前。

当宇宙大爆炸理论被越来越多的科学家接受后，他们开始探究大爆炸发生时的情景，以及物质如何在大爆炸中产生等问题。

太初宇宙史

还记得我们提到的大型强子对撞机吗？科学家通过这个大家伙成功地制造出了迷你版的宇宙大爆炸。通过观察这个迷你大爆炸，推测出大爆炸后宇宙的状态。我们可以通过科学家们所做的推测，来再现宇宙大爆炸的情景。

让我们回到宇宙最初的那一刻，最初的宇宙只是一个点，科学家称之为奇点。奇点到底有多大，谁也说不清楚，因为那时既不存在时间，也不存在空间。你可以说奇点无比微小，因为照我们现在的理解来看它的确很小；你也可以说它无比巨大，因为它是当时唯一蕴含了巨大能量的物质，除了奇点之外别无他物。如果实在要说出奇点的大小，只能等到它爆炸后，有了时间和空间的概念，我们才能够描述它。

在奇点爆炸的一刹那，也就是大爆炸后的 10^{-43} 秒，宇宙只有 10^{-35} 米大小。你想象不到初生的宇宙有多小，如果我们用圆珠笔在纸上点一个点，那么这个点大约可以放下 10^{31} 个宇宙。但就是在这么小的一个奇点里，蕴含着我们现在的宇宙中

数字的指数表达

如果我们写一个大数字，比如 1 亿，我们可以写成 100000000，也可以写成 10^8。10 的上标 8，叫作乘方次数，大数字的 1 后面有几个 0，10 的上标就为几。如果我们写一个很小的数，比如 0.000001，我们可以写成 10^{-6}，10 的上标 −6，表示 1 的前面、小数点的后面有 6 个 0。

的一切物质。那时的宇宙的温度约为 10^{32} 开。

在 $10^{-36} \sim 10^{-32}$ 秒时，宇宙进入了暴胀期。在 10^{-32} 秒时间内宇宙暴胀了至少 10^{26} 倍，胀到了十几厘米大小。那时的宇宙温度约为 10^{22} 开。

在宇宙暴胀结束之后，宇宙充满了叫作夸克–胶子等离子体的物质。到 10^{-6} 秒时，宇宙的温度仍然很高，夸克依然不能被束缚在一起形成强子（强子是包括质子和中子在内的由夸克组成的较大的粒子）。

在大爆炸后 $10^{-5} \sim 100$ 秒时，我们所熟知的基本粒子——质子和中子形成了，跟它们一起形成的还有电子、反电子、中微子、反中微子、介子和光子等。在爆炸后 100 秒时，随着宇宙的膨胀，宇宙的温度降到了 10^9 开。粒子的运动速度随之下降，它们开始聚合为原子核。

在大爆炸后 100 秒至 38 万年的时间内，宇宙的温度持续下降，电子被离子捕获，形成原子。光子开始可以在宇宙中通行无阻（就是我们上一节讲到的"光化石"的来源），宇宙变得透明，这个过程通常被称为脱耦。这时的宇宙温度约为 3000 开。

大爆炸发生 100 万年后，宇宙中广泛存在着氢气和氦气。随着宇宙的持续膨胀，温度也持续下降，宇宙中原子密度较高的一些区域因为引力而开始坍缩。

在此之后的 4 亿年时间内，宇宙持续坍缩产生的巨大压力"点燃了"氢气和氦气，使其产生聚变反应，于是就形成了初期的恒星。恒星就像是宇宙中的加工车间一样，将大爆炸之初形成的氢与氦加工成我们今天所看到的一切物质。那时的宇宙温度约为 20 开，经过 100 多亿年，一直下降到现在的 2.7 开。

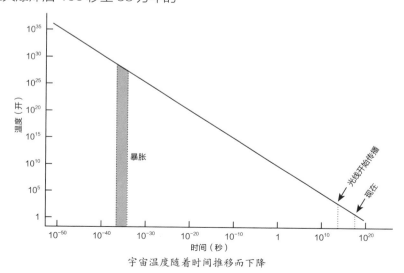

宇宙温度随着时间推移而下降

宇宙的物质世界

我们理所当然地认为，周围的世界是由物质构成的，包括你阅读的杂志、居住的星球、组成人体每一部分的原子微粒。我们通常假设宇宙的其他部分和地球是相同的，这种想法不但更有意义，而且在很大程度上，这个假设是正确的。这些物质是古老的、坚固的、可靠的，但它们可不是凭空而来的。

元素周期表中列出了 118 种已知元素

物质来源于宇宙大爆炸

约 138 亿年前的大爆炸创造了宇宙，与此同时发生的一连串令人惊叹的事件创造了物质。在大爆炸刚刚发生的时候，我们的宇宙是一团高度压缩的高温高密的气体。在这种条件下，那些构成各种物质的粒子无法形成。随着爆炸后的扩散膨胀，宇宙迅速冷却下来了。

在大爆炸发生的 10^{-5} 秒后，所有粒子聚集形成了质子、中子和电子等基本粒子。但是这时候的宇宙还是过于炽热（超过 10^{10} 开）和稠密了，这些等离子体没办法形成原子。

随着宇宙膨胀，温度下降，质子和中子开始进行核聚变反应，结合成更大的原子核。自由的中子和质子形成氘，氘再迅速融合成氦。这个合成过程叫太初核合成，只持续了大约 17 分钟，因为宇宙的温度与密度迅速下降到了核聚变无法继续的程度。这个时候，几乎所有的中子都已经纳入氦原子核。宇宙中留下氢（质量占约 75%）和氦（质量占约 25%）以及微量的其他元素。

氢和氦刚开始处于电离状态，也就是说它们周围没有被束缚的电子。随后宇宙持续冷却，电子被离子捕获，形成原子，这个过程被称为复合。在复合结束后，宇宙中大部分的质子被捆绑而成为原子。这时距宇宙大爆炸已经 38 万年。

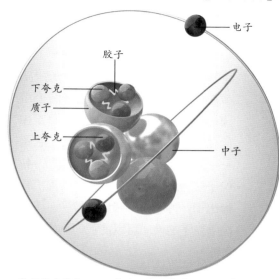

氢原子半径约 3×10^{-11} 米，由 2 个质子、2 个中子和 2 个核外电子组成。其中质子半径约 10^{-15} 米，由夸克和胶子组成，夸克半径小于 10^{-18} 米

原子、质子、中子和夸克

我们都知道，原子是构成所有物质的最基本粒子。但原子是什么呢？你可以把一个原子想象成一个中间有一颗小豌豆的大气球：豌豆是原子核，气球的表面是电子云。每一个原子的原子核都是由中子和质子组成的（氢原子核除外）。这是每一种原子的基本形态。质子和中子的数目，决定了原子的种类。

最初我们以为质子和中子是最小的粒子，然而现在我们已经发现，它们是由更小的粒子——夸克组成的。

夸克有六种，物理学家称其为六味，分别是上、下、粲、奇、底和顶。夸克通过胶子的作用相互结合，形成一种叫作强子的微粒。（质子和中子都是强子）

你可能听说过欧洲核子研究中心的大型强子对撞机。它是一个粒子加速器，可以用来检测原子中的微粒。它会加速强子，让它们相互撞击，然后破裂，来推测它们是由什么组成的。从名称就能看出，它是一个原子"粉碎者"。2015 年 7 月，位于瑞士日内瓦的大型强子对撞机就撞出了一种叫作五夸克的粒子。研究这类粒子的性质可以使我们更加深入地了解物质是由什么构成的。

质子、中子和电子聚在一起形成了氢原子和氦原子。经过 1 亿年后，这些原子又聚集在一起，形成了原星系。宇宙中所有的氢原子和氦原子都是在大爆炸太初核合成的过程中形成的。

宇宙物质密度的极端

宇宙空洞

宇宙空洞指的是纤维状结构之间的空间。空洞与纤维状结构一起组成宇宙中尺度最大的结构。距离我们最近的空洞是北方本超空洞，其中心距离我们约 2 亿光年，最狭窄处的直径大约是 3.4 亿光年。它的绝大部分空间空无一物，没有恒星，没有行星，也没有星云及星际气体。

中子星

宇宙中密度最大的星体包括白矮星和中子星。白矮星被压缩变成中子星，在压缩过程中，电子并入质子转化成中子。这也是中子星名字的由来。一颗典型的中子星质量是太阳质量的 1.35~2.1 倍，但半径只有 10~20 千米，所以中子星的密度极大，1 立方厘米的物质便重达 10 亿吨。

黑洞

处于末期的恒星由于自身引力作用发生坍缩，中等大小的恒星坍缩成中子星，而较大的恒星，比如比太阳大 3 倍以上的恒星则坍缩成黑洞。黑洞是宇宙中密度最大的天体，在黑洞中心有一个密度趋近于无限的奇点。

我们周围的物质元素

大爆炸后的宇宙空间充满了大致均匀的星际物质，几乎全部都是氢原子和氦原子。这些物质中的一些不稳定的因素慢慢地使某些地方的物质密度发生变化，导致一个或几个"引力中心"出现。这些"引力中心"吸引周围的物质，让引力势能转化为热能，当温度达到六七百万度的时候，"质子—质子"的核聚变反应开始，这就是原始恒星。原始恒星的体积和质量都很大，能够让首次核聚变反应成功点火。

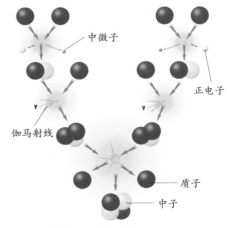

中微子

正电子

伽马射线

质子

中子

氢原子核融合成氦原子核的过程

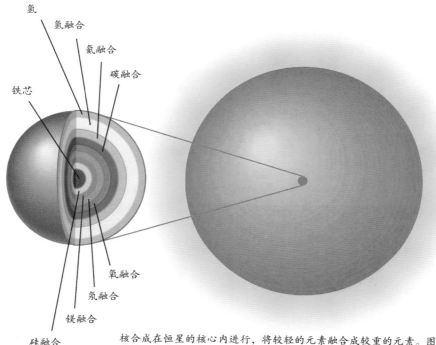

氢
氢融合
氦融合
碳融合
铁芯
氧融合
氖融合
镁融合
硅融合

核合成在恒星的核心内进行，将较轻的元素融合成较重的元素。图为大质量恒星核心的多层融合

在一些新生恒星的核心内，氢原子和氦原子压缩得特别紧密，会出现融合。除了氢原子外的所有的原子都是由质子、中子及与质子数相等的电子组成的，比较重的原子由较多的质子、中子及电子组成。

在元素周期表中，较轻的元素在周期表的靠前位置，较重的元素在周期表的靠后位置。想象这些原子陷入恒星的核心，而且随着陷入得越深，它们受到的压力也越来越大。如果压力足够大，温度足够高，这些原子会融合在一起，从而形成更重的原子。这个过程产生了巨大的能量。虽然我们已经成功制造出了核反应堆和粒子加速器，但是我们的核反应创造出来

的能量，和恒星（比如太阳）每秒释放出来的能量相比，不值一提。为了获知像铁这样的元素是从哪里来的，我们必须要深入恒星的核心！

随着你深入一颗恒星的核心，看到的元素会越来越重。融合的过程释放出巨大的能量，包括热、光和高能粒子。这个过程被称为核聚变。新生成的元素留在太阳核心，但是高能粒子被太阳风带到四面八方。

太阳风里的高能粒子大部分是电子和质子，同时也有光子和热辐射。当我们抬头望向天空，看到北极光的时候，实际上是太阳风在冲击我们的大气层。像太阳这样的恒星，能将氢原子和氦原子融合成更重的原子，比

如氧原子、氮原子和碳原子。但是要形成较重的原子，需要更大质量的恒星。比如铁原子和镍原子，它们就是在那些质量是太阳质量 20 倍的恒星中形成的。

地球上蕴藏着大量的铁，你看一下周围就能找到，它在我们的汽车里、电脑里，甚至在我们的血液里！

这些铁元素都是从那些大质量恒星中来的。我们整个太阳系并非只是由大爆炸中生成的气体形成的，还有古老恒星爆炸后扩散出来的物质。地球本身也是由那些恒星爆炸产生的气体和尘埃组成的。

这些爆炸的恒星被称为超新星，爆炸的过程非常剧烈，能将原子聚合

如果把宇宙进化史分成 12 个"月"，那么在这 12 个"月"里发生了这些事情：

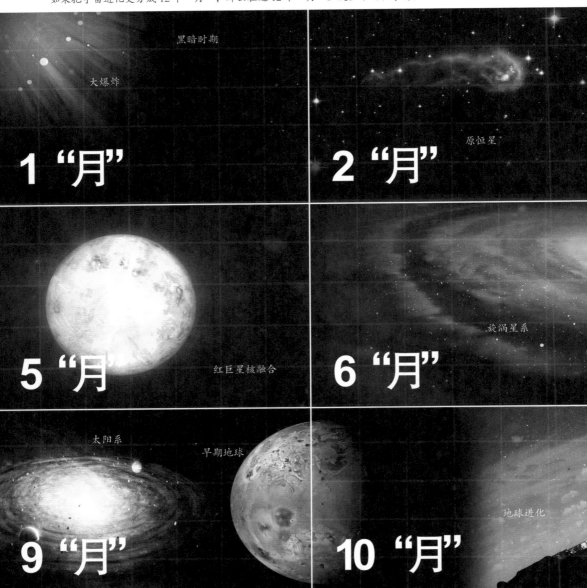

在一起，形成新的原子。在元素周期表中，铁元素以及比它轻的元素来自核聚变，而比铁重的元素都来自超新星爆炸时的核合成。这些恒星爆炸后，来自恒星核心和爆炸过程产生的重元素就都散落到了宇宙中，成为星尘。星尘受重力的作用，聚集、坍缩而形成新的星系。我们太阳系的物质，是

宇宙花费了几十亿年的时间，才创造出来的。每一种元素都是在令人难以置信的剧烈环境中生成的。不过元素周期表中的118种已知元素，只有98种是自然形成的，其他20种是科学家用粒子加速器创造出来的。

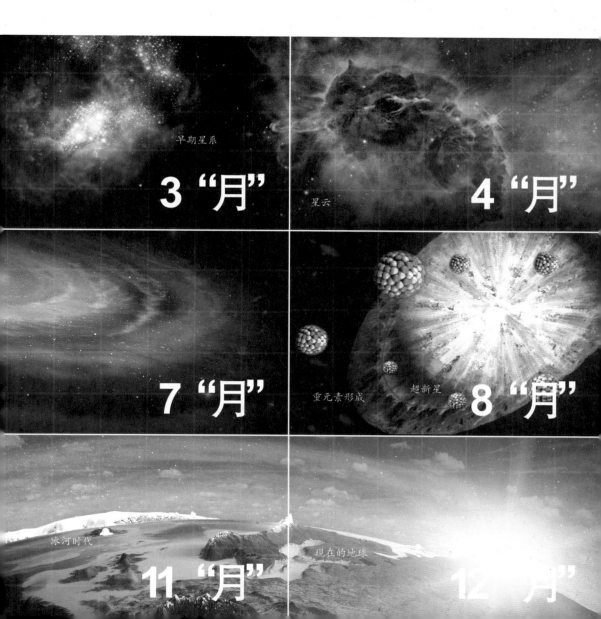

早期星系

3 "月"

星云

4 "月"

7 "月"

重元素形成　超新星

8 "月"

冰河时代

11 "月"

现在的地球

12 "月"

最古老的"光化石"
——微波背景辐射

2009 年 5 月 14 日，欧洲航天局在法属圭亚那将一颗地球卫星发射上天。这颗卫星名叫普朗克（Planck），使用这个名字是为了纪念德国科学家马克斯·普朗克（Max Planck）。

这不是一颗普通的卫星，跟大多数用来探测宇宙天体的太空探测器不太一样，普朗克卫星专门探测微波频段，包括 30 吉赫 ~ 875 吉赫间的 9 个频段，这 9 个频段的电磁波并不是来源于宇宙的任何星系，而是来源于这些星系的祖先。

有人说这是宇宙的第一束光，这种说法不太严谨，但这的确是我们现在能够看到的最古老的宇宙光线。就如我们在前文所了解到的，这是大爆炸后的 38 万年光子脱耦时宇宙的光线。现代宇宙学家把这些接收到的信号称为宇宙微波背景辐射（英文简称 CMB）。

早在 20 世纪 40 年代末期，在大爆炸理论的框架下，美国的宇宙学家伽莫夫和他的两个学生阿尔菲和赫尔曼就已经通过计算推测出宇宙微波背景辐射的存在，但是直到 1965 年才获得了确凿的证据。这一证据的获取其实是非常偶然的，当时，两位美国科学家彭齐亚斯和威尔逊在调试一种新型卫星通信天线时，发现有一些来自宇宙各个方向、怎么也无法消除的背景噪声，他们通过光谱分析确认这就是宇宙微波背景辐射。这一发现被公认为大爆炸理论的最重要的证据，而两位发现者也在 1978 年获得诺贝尔物理学奖。

宇宙微波背景辐射因为峰值频率是 160.2 吉赫，波长是 1.87 毫米，处于微波范围而得名。

宇宙微波背景辐射的来源

在本书前文描述的大爆炸理论中，我们了解到，在宇宙初期，宇宙温度高达 3000 亿开，主要成分是物质粒子和它们的"孪生姐妹"反物质粒子以及光子。光子不断碰撞产生粒子和反粒子，同时粒子和反粒子不断湮灭再产生光子。随着时间的推移，宇宙不断膨胀，温度逐渐下降，光子所拥有的能量也逐渐下降，一直到了大爆炸后的 38 万年。

大爆炸后的 38 万年是一个关键时间节点。在这之前，宇宙温度高于 3000 开，氢原子处于等离子态，也就是带负电的自由电子和带正电的离子共存的状态。所以，从早期宇宙直到大爆炸后的 38 万年，宇宙一直处于等离子态，光子和自由的电子之间不断发生反应，从而导致作为信息传递者的光子无法完成传递信息的任务。

概括地讲，由于电磁辐射无法穿越等离子态环境，大爆炸后的 38 万年就好似一堵我们无法穿越的墙，在此之前的电磁辐射永远无法抵达我们所处的位置，因此我们无法看到最初的宇宙状况。

说到电磁辐射无法穿越等离子态环境，给大家举个小例子。我们知道，无线电波属于电磁波，所以无线电波也无法穿越等离子态环境。宇航员在返回地球的时候，他们乘坐的航天舱以极大的速度进入大气层，在舱前部形成冲击波。该处的空气被猛烈压缩，快速升温发生电离反应，航天舱身处电离环境，在短短的几分钟内，宇航员无法和地面控制中心通信。随着速度放缓，航天舱前无法形成冲击波，电离环境消失，宇航员和地面的通信才恢复正常。

航天舱以极大的速度返回大气层，舱前部升温发生电离反应

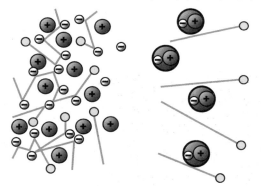

左边表示光子和电子不断发生反应，光子被电子绑住；右边表示电子被原子核绑住，光子脱耦，可以自由运动

现在回到咱们关心的大爆炸后 38 万年这个关键的时间节点：这个时间节点后，自由电子和离子形成了原子，不再和周围的光子发生反应。没有离子"墙"的阻挡，宇宙变成透明状态，电磁波终于可以开始它们的自由行程，走过了 138 亿年。由于宇宙的膨胀，在这 138 亿年的时间内，原来频率比较高的光线，产生了红移，波长渐渐变长，到了 138 亿年后的今天，刚好拉长到了微波的频段，又刚好被我们探测到。

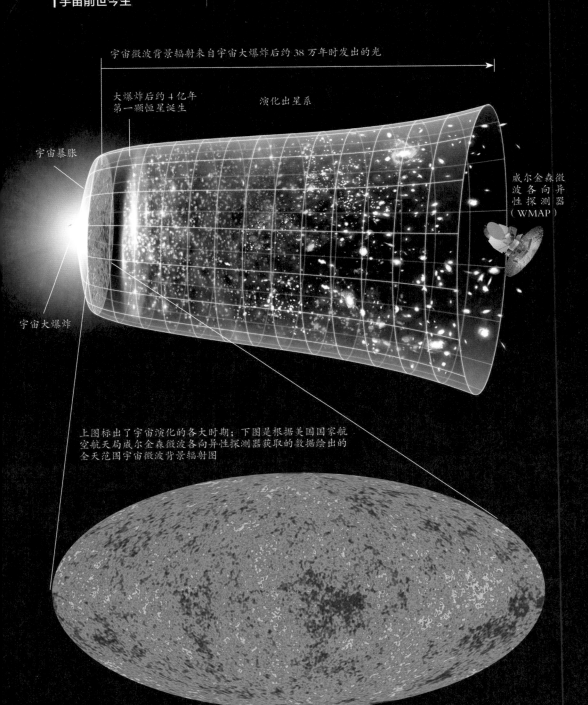

宇宙微波背景辐射来自宇宙大爆炸后约 38 万年时发出的光

大爆炸后约 4 亿年
第一颗恒星诞生

演化出星系

宇宙暴胀

威尔金森微
波各向异
性探测器
（WMAP）

宇宙大爆炸

上图标出了宇宙演化的各大时期；下图是根据美国国家航
空航天局威尔金森微波各向异性探测器获取的数据绘出的
全天范围宇宙微波背景辐射图

全天的电磁波图谱

左页下图是一张全天范围的电磁波图谱。微波探测器需要瞄准不同方向，一点一点地扫描天宇，测量在每个频段截获的电磁辐射强度，我们最终看到的整图是整合所有信息以后得到的。

椭圆形体现的是传统球体的椭圆经线等面积伪圆柱绘图方式，被称为莫尔韦德投影绘图法，这种绘图法是以德国数学家和天文学家卡尔·莫尔韦德（Karl Mollweide）的名字命名的。

事实上，即使我们没有听说过莫尔韦德投影绘图法，它的概念我们也一定接触过，因为每次我们打开一个地图册，都可以看到下图形式的地图。

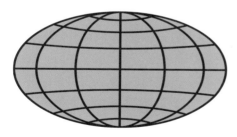

用这种方法，我们可以把立体的地球的全表面在一张平面图上表现出来，一目了然。

绘制地球全图时我们是设想从空中俯瞰地表，相反地，我们站在地球上朝天空的方向看，也可以把整个天球（宇宙）放进这个椭圆里。

光子充满宇宙空间

我们习惯把光线看成沿着一个方向运动的波。那么，或许有人要问：这个微波背景辐射究竟是从哪里射出的？射往哪里去？事实上，微波背景辐射是充满整个宇宙空间的。

量子力学引入了一个叫作波粒二象性的概念，根据这个概念，光以波的属性看就是光波；而以粒子的属性看就是光子，相当于量子力学创始人马克斯·普朗克所说的量子。

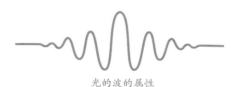

光的波的属性

光速＝299 792 458米/秒

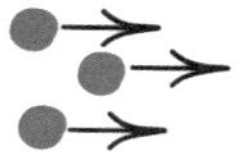

光的粒子的属性

假设我们戴上量子力学的"眼镜"来观察，现实中的物体是不存在的，有的只是粒子或者波。电磁辐射也可以被理解为是光的传播。这一切听起来非常复杂，但我们只需要知道波粒二象性对光的世界也有影响即可。而一旦引入了光子的概念，微波背景辐射充满整个宇宙空间就容易理解了。

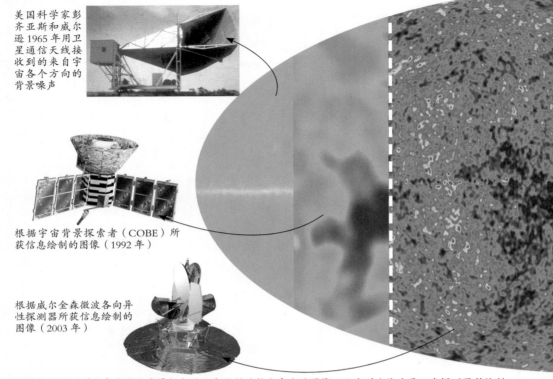

美国科学家彭齐亚斯和威尔逊1965年用卫星通信天线接收到的来自宇宙各个方向的背景噪声

根据宇宙背景探索者（COBE）所获信息绘制的图像（1992年）

根据威尔金森微波各向异性探测器所获信息绘制的图像（2003年）

这是根据探测到的宇宙微波背景辐射的信息绘制的整个宇宙的图像，从左到右依次是四代探测器所绘制的图。从1965年到今天，探测技术和测量设备有了巨大的进步

从微波背景辐射揭秘宇宙

宇宙微波背景辐射是现代宇宙学理论中最重要的概念之一，为什么呢？

根据探测宇宙微波背景辐射所得到的信息，科学家绘制了整个宇宙的图像，其中隐藏了宇宙的许多奥秘。

现在咱们来仔细看看根据普朗克卫星收集到的数据绘制的宇宙微波背景辐射图像。图中蓝色代表冷，红色代表热，两种颜色间的过渡色代表了中间温度。

冷一些的蓝色区域和热一些的

红色区域表明了宇宙早期物质密度的变化，也表明了物质的运动方向是逃离不稠密地区、落入稠密地区。物质密度稍高的区域看上去温度会更高一些。通过普朗克卫星所得到的宇宙微波背景图中，越红（温度越高）的区域会吸引越多的物质，进而形成了今天的超星系团。

宇宙微波背景图看上去就像是满天散落着大大小小不同尺寸的斑点，但天文学家可以把它们转化成宇宙的组成。科学家用特定大小的格子来对它进行划分，这样就能了解温度是如何随着格子大小的变化而改变的，这被称为角功率谱。

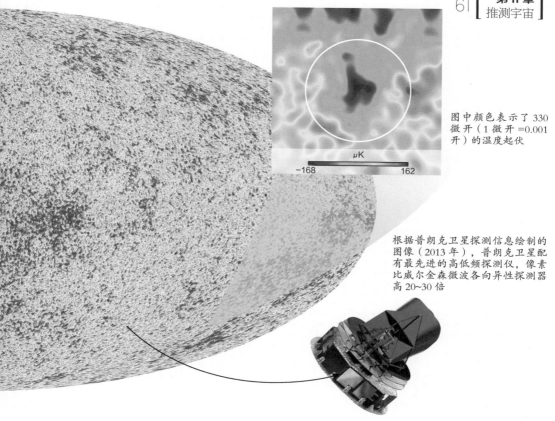

μK

-168   162

图中颜色表示了 330 微开（1 微开 =0.001 开）的温度起伏

根据普朗克卫星探测信息绘制的图像（2013 年），普朗克卫星配有最先进的高低频探测仪，像素比威尔金森微波各向异性探测器高 20~30 倍

微波背景辐射的信息，还可以用来建立宇宙模型，确定宇宙的年龄、膨胀速度，宇宙中基本物质、暗物质以及暗能量的含量。

在宇宙微波背景光子传播路径上，一小部分光子会穿过各种物质，被其中的电子散射，进而能量发生变化。利用这些数据，科学家编纂了一份包含 1227 个星系团的星表。这其中有约一半是已知的，还有新确认的 178 个星系团和 366 个候选星系团。在分析星系团的过程中，天文学家还能发现星系团背后的未知的物理机制。

现在大家已经知道为什么这些宇宙微波背景辐射会引起宇宙学家如此浓厚的兴趣。简单地讲，宇宙微波背景辐射是观测者能够从宇宙中获取的最久远（大爆炸之后的 38 万年这个时间节点）的信息，只有通过这些信息我们才能够对宇宙早期发生的事件窥探一二。

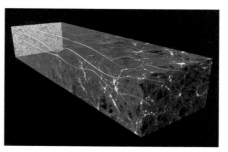

宇宙微波辐射光子在传播过程中，任何物质的引力都会使它的传播路径发生改变

宇宙的基本属性

在前面的文章中，我们进行了一个大型的宇宙"田野考古"，利用的是宇宙最古老的"光化石"——宇宙微波背景辐射。微波背景辐射被喻为宇宙大爆炸的灰烬。

近几十年来，随着观测技术的不断进步，科学家对宇宙微波背景辐射的观测也越来越精细。无论探测方式怎么变化，探测结果都有一个共同点：宇宙微波背景辐射充满整个宇宙，而且在各个方向强度相同。

也许你会问："根据微波背景辐射绘制的椭圆形图为什么有很多清晰的斑点呢？这是不是表明宇宙各部分不均匀？"

事实上，科学家为了研究宇宙，通过计算机将基于微波背景辐射绘制的宇宙图的对比度增加了约10万倍，红色显示微波辐射密度较强，绿色显示微波辐射密度较弱，这样才能对图中显示出的不均匀的地方进行分析。正是这个原因，造成了一种宇宙不均匀的视觉假象。

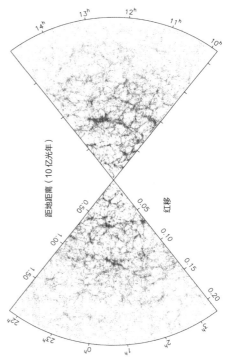

宇宙的星系分布是非常均匀的。扇形的中心是地球，是我们观测宇宙的位置，我们可以观测到的宇宙往外一直延伸到138亿光年的地方

实际上，宇宙是均质与各向同性的。均质性与各向同性是宇宙的两大基本属性，这是宇宙的大原则，

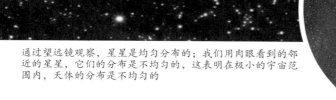

通过望远镜观察，星星是均匀分布的；我们用肉眼看到的邻近的星星，它们的分布是不均匀的，这表明在极小的宇宙范围内，天体的分布是不均匀的

也叫宇宙学原理（Cosmological principle）。

宇宙各向同性

各向同性，顾名思义就是宇宙在各个方向的性质相同。比如，当你在一个晴朗的夜晚仰望天空的时候，你就会发现，不管你向天空的哪个方向望去，看到的景观都非常类似，天空的各个方向都布满群星。换言之，就是宇宙中星座的分布具有各向同性。

说到这里，你可能会问："我们在夏季的夜晚可以看到天空中有一条乳白色亮带，就是我们的地球所在的银河系，在这条亮带范围内，星星的密度显然比旁边的地方大，这不是和宇宙的各向同性相矛盾吗？"

的确，从局部观测的角度看，宇宙的各向同性不是绝对的。如果我们更细致地观察银河系，就会看到即使在银河系内部，星星的分布也并不具有各向同性。如果我们往人马座方向（也就是银河系中心方向）看，会发现星星的密度较大。

为什么局部观测到的不同方向的（星星密度）差异并不能否定宇宙的各向同性呢？这里涉及观测尺度。宇宙学原理中的各向同性的前提是在极大尺度条件下观测，而我们刚才提到的对银河系的观测只是小范围的局部观测。天文学家在极大尺度条件下观

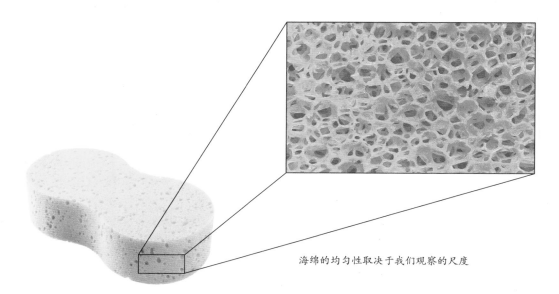

海绵的均匀性取决于我们观察的尺度

测到的不是单个的天体，而是无数的恒星、星云等组成的星系。在这种极大尺度条件下，天文学家普遍认为宇宙是各向同性的。那么，多大的尺度算是大尺度呢？科学家认为，典型的大尺度是跨度10亿光年以上。要知道，我们的银河系虽然拥有几千亿颗恒星，但跨度也只有10~18万光年。

宇宙的均质性

那么，宇宙学原理的第二个基本属性——均质性又是什么意思呢？宇宙均质性是指宇宙物质均匀分布，也就是说，无论你处在宇宙中哪个位置，所观测到的宇宙都是一样的。宇宙均质性是目前科学家普遍认可的一个基本属性。我们可以设想一位天文学家身处一个非常遥远的星系，他抬头看到的天空和我们在地球上看到的是一

样的。当然，目前还没有人能够真正到一个非常遥远的星系上进行观测。

和各向同性一样，宇宙均质性的前提条件也是在极大尺度的层面上，这就好像我们日常都会用到的海绵。如果我们观察一个小的局部，比如1厘米范围，海绵显然是不均匀的（有很多空隙），但是如果我们从整体看，它又是均匀的。

同样的道理，宇宙均质性只有在数亿光年的尺度下讨论才有意义，从下页的图上我们可以看到，如果我们观察宇宙的一小块区域（10亿光年尺度，里面有大约3万个星系），星系之间的空间就好像海绵的空隙，均质性显然不存在，但是如果把观察的尺度放大十倍，均质性就体现出来了。

我们反复提到极大尺度，你也许会问："宇宙到底有多大？是什么形

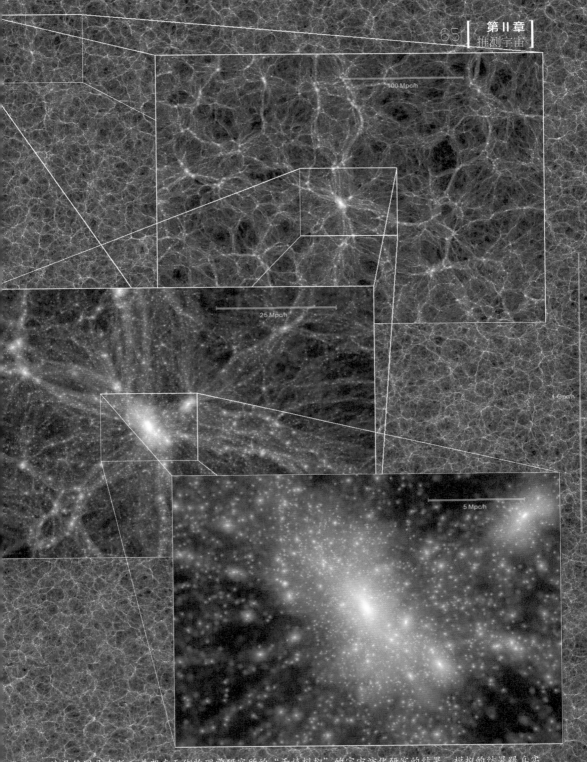

100 Mpc/h

25 Mpc/h

5 Mpc/h

这是德国马克斯-普朗克天休物理学研究所的"千禧模拟"的宇宙演化研究的结果，模拟的结果跟真实
宇宙非常类似。在大尺度上，宇宙是由空洞和空洞周围聚集的星系组成的，就像海绵一样，从其中尺度
最小的图可以看出物质聚集在一起成为星系图

无尽的宇宙中遍布恒星、星系和星云（图片来源：美国国家航空航天局）

状？有没有边界？有没有中心？"这
几个问题从根本上是相通的。

宇宙的"界"和"限"

古代的时候，人们通过观察天空
感受到群星距离地球很远，却无法知
道这个距离的具体数值。古人认为宇
宙呈穹顶状，一定是有边界的，后来
随着观测技术的进步，人们一次次将
宇宙的边界推远，但是并没有从根本
上解决宇宙边界的问题。

现今的科学家试图对此问题做出
答复：宇宙是有限的还是无限的？宇
宙有没有边界？

迄今为止还没有任何科学证据可
以明确地告诉我们宇宙是有限还是无
限。两种最常见的假设是：

（1）宇宙无限无界

这种观点应当是很容易理解的，
可以这样设想：我们可以随意在宇宙
中选一个起点沿一个方向向前走，只
要我们走的是直线，就可以无休止地
永远走下去。无限的宇宙自然是既没
有边界（无界），也没有中心点，更
谈不上有具体的形状。

（2）宇宙有限无界

第二种假设观点就稍微复杂些
了。很多人会凭直觉认为有限的东西
必然有界，其实不然。假设我们有一
个球和一卷透明胶带，我们可以在球
面随意选一个起点，从这里开始贴透
明胶带，如果我们贴透明胶带的方向
一直不变，那么我们最终会回到原始
的起点。可见，尽管球面是有限的，
却不存在边界，也就是有限而无界。

今天大部分科学家认为：有限无
界的宇宙的形状是一种三维超球面，
既无边界也无中心点。这个三维超球
面的有限性是通过体积体现的，但是
它既没有起点线，也没有终点线，也
就是有限无界。而且这个三维球面上
的任何一点都不具有特殊性，因此不
存在中心点，这也就是为什么说我们
的宇宙是没有中心点的。

但是，今天的科学还远远没有回
答以下问题：为什么宇宙会具有均质
性？目前存在几种不同的理论试图对
此做出解释，其中最为成熟的是宇宙
暴胀理论。这就是我们在下文里要讨
论的。

中世纪的一幅木刻版画——到天外去的人

宇宙有多大?

宇宙没有中心。大爆炸不是在空间的某一个点完成的,而是有了大爆炸,然后才有空间,是大爆炸创造了空间。假设我们可以通过电磁波之外的手段看到更远的地方,那无论朝哪个方向,我们都能看到大爆炸本身。

但是,当我们站在地球上,使用任何天文仪器望向天宇,无论朝哪个方向,我们能够看到的距离都是一样的。也就是说,从地球上的立足点往外看,可观测宇宙是一个球,我们正位于球的中心。

可观测的宇宙有多大?

我们能够看多远呢?这也是"可观测"的定义。可观测宇宙的条件是指物体发出的光有足够时间到达观测者。

根据哈勃定律,一个恒星离地球越远,它的移动速度就越快。利用这个定律和通过空间望远镜获得的越来越准确的数据,可以推测出宇宙年龄约为 138 亿岁。

如果宇宙的年龄的确是 138 亿岁,那么光线能够传播的距离最长就是 138 亿光年。那是不是说可观测宇宙的半径最长就是 138 亿光年呢?答

大爆炸
380000 年
138 亿年
10 亿年
1000 万年
10 万年
m101
大爆炸
太阳
大爆炸

大爆炸

大爆炸

m87

m81

遥远的类星体和星系

斯隆长城

邻近星系

银河系

邻近恒星

1000 年

10 年

最近的系外恒星

154 天

奥尔特云和柯伊伯带

3.7 小时

行星和太阳

2 分钟

近地小行星

1.3 秒

月球轨道

大麦哲伦云

月球

4000 千米

地球

40 000 千米

4000 万千米

40 亿千米

4 万亿千米

10 光年

1000 光年

10 万光年

1000 万光年

仙女座星系

10 亿光年

138 亿光年

可观测宇宙的模型

案是否定的。

宇宙空间一直在高速膨胀，比如说，当某个星体 100 多亿年前发出的光到达地球时，那个发光的星体已经随着宇宙的膨胀，移动到了更遥远的位置。

2016 年 3 月，天文学家通过哈勃空间望远镜在大熊座方位发现了红移值为 11.1 的天体——GN-z11。这个红移值表明它的年龄为 134 亿年，说明大爆炸以后 4 亿年该天体就存在了。这个天体现在距地球 320 亿光年。

除了根据宇宙膨胀计算在这个时间差里的位移，科学家还考虑了其他更复杂的情况，然后计算出我们的可观测宇宙的直径为 920 亿光年。

是不是在这个范围内的星体我们都能看到呢？以我们现在的天文探测器水平，还做不到这一点。

另一些天体物理学家觉得 920 亿光年这个数字是严重低估了宇宙，因为它没有考虑目前没有观察到的事件。整个宇宙的疆域可能是可观测宇宙的 250 多倍，或者还要大得多。

看不见的宇宙

现在很多人用宇宙一词代替可观测宇宙，因为他们认为事物如果不能被观测到，就跟我们没有关系。随着仪器分辨率、灵敏度的提升，也许我们很快就能探测到离我们更远的天体。不过，我们还要考虑到目前没有观测到的那个宇宙时期，就是从大爆炸到携带着信息的第一个光子被释放的时间段（约 38 万年）。因为在这个时期，光子被束缚住，所以我们无法通过电磁波直接观测到。

除了光子，还有没有其他直接来自宇宙最开始时刻的信息呢？在大爆炸之后大约 10^{-36} 秒，引力波不受等离子体的影响，以光速传播。大约大爆炸后 1 秒，从等离子体逃离的低能中微子风暴和这些弱相互作用的粒子以光速传播，形成宇宙中普遍存在的中微子背景。

引力波和这些中微子提供了观察极早期宇宙的形成过程的可能性，这些信息将使宇宙学家可以评估"真实的"宇宙，并提出关于建立宇宙新模型的见解。

看不见的宇宙还包括宇宙之外的其他域。科学家对当前不可见域的存在提出一些观点，比如微波背景辐射中的黑暗流所指向的另一个宇宙、气泡宇宙、平行宇宙、焚宇宙等。这些观点都是高度理论性的，看上去更像是科幻小说，不能确定是否存在于现实中。

目前超越可见的微波背景辐射水平之外的研究都属于理论物理学家的工作。当我们继续发现新的现象，可观测宇宙可能就继续扩大。一切都在变，不变的是我们对宇宙的了解越多，就会有越多的问题等待我们解答。

暴胀理论

建于地球南极用于探测引力波的 BICEP 望远镜

2014 年 3 月，哈佛-史密松森天体物理研究中心的约翰·科瓦克（John Kovac）教授，悄悄地来到了麻省理工学院教授阿伦·固斯（Alan Guth）的办公室。

"这是一个大发现！"固斯看完了科瓦克带来的论文样稿，当时就惊呆了。正是科瓦克的这个大发现，验证了固斯三十几年前的一个大理论——宇宙暴胀。

几天后，科瓦克在新闻发布会上公布了他的发现：他们探测到了来自宇宙极早期暴胀过程中产生的信息。

根据爱因斯坦的广义相对论，暴胀的时空扰动会产生特征性很强的引力波。因为这种引力波产生于宇宙诞生之初，人们把它命名为原初引力波。原初引力波贯穿整个宇宙，让宇宙微波背景辐射中的光子极化，产生了 B 模式偏振。

科瓦克组建的 20 人左右的团队，在地球南极用一台名为 BICEP 的望远镜，花了 12 年时间，探测到了这种 B 模式偏振。当时很多科学家认为，这可能是暴胀理论和引力波存在的关键性证据，在宇宙学上具有里程碑式的意义。

2014 年 3 月 17 日，物理学家阿伦·固斯（左）、罗伯特·威尔逊（中）和安德烈·林德（右）在哈佛-史密松森天体物理研究中心参加新闻发布会

暴胀理论

20 世纪 80 年代，为了解释宇宙观测中发现的几个疑难问题，宇宙学家提出了宇宙暴胀理论。宇宙暴胀假说和暴胀一词，最早在 1980 年由美国麻省理工学院的物理学家阿伦·固斯提出。该理论最重要的创建者还包括普林斯顿大学的保罗·斯泰恩哈特（Paul Steinhardt）和斯坦福大学的安德烈·林德（Andre Linde）。

根据这一理论，在大爆炸发生后的 $10^{-36} \sim 10^{-32}$ 秒，宇宙经历了一个猛烈膨胀的过程，叫作宇宙暴胀，这一暴胀使宇宙在极短暂的时间内膨胀了至少 10^{26} 倍！

宇宙暴胀理论假设宇宙初期包含着一些假真空，这些假真空里充斥着巨大的带有排斥力的负能量，正是这些负能量引发了宇宙暴胀。既然有负能量和排斥力，就必然涉及场强，而场强一定是和某种粒子相关，这种粒子叫作暴胀子。宇宙暴胀发生后，暴胀子的能量转化成我们已知的基本粒子，不过这个转化过程还没有人能解释。

这么短的时间、这么迅速的膨胀，这一切听起来似乎很抽象。那么宇宙暴胀理论的出发点是什么呢？首先，咱们来看看 20 世纪 70 年代的宇宙学家所面临的问题：宇宙微波背景辐射的发现确认了可观测宇宙的各向同性和均质性两个基本属性，但是宇宙学家无法解释为什么会存在这两个基本属性，已经被广泛接受的宇宙大爆炸理论也仍然面临着一系列无法解释的疑难问题。正是在这样的背景下，宇宙暴胀理论应运而生。

把宇宙的不规则"拉平"

俄罗斯数学家弗里德曼的方程计算显示：宇宙的各向同性和均质性一旦存在，就可以无限持续下去。但是宇宙是从什么时候起具备了这些属性的呢？

根据对宇宙微波背景辐射的分析可以看出，宇宙中的均质性程度极高。理论认为在大爆炸的 38 万年后，宇宙已经是均质的，之后的宇宙膨胀只是维持了原有的均质性。

假设为了共享某种共同的属性，两个基本粒子需要彼此"沟通"（也就是进行能量交换）。根据量子力学，两个带电粒子之间的能量交换（信息传递）是通过电磁反应进行的，这意味着存在光子交换。我们都知道光速是不可超越的，也就是说，不管是用光子运动来表达，还是用电磁波传播来表达，任何信息的传递都不可能比光速更快。

再来看看弗里德曼方程，与宇宙相关联的基本粒子之间的距离急剧增大（膨胀），在大爆炸的起点，基本粒子分散的速度理论上可达无限大！

这时问题来了，当基本粒子分散的速度远远大于光速，而信息的传递不能超过光速时，粒子之间就无法沟通。

这是一个困扰了科学家多年的问题。我们可以这样设想：在一个古老的时代，一些人分散在相距遥远的不同城镇里，如果这些城镇的居民间保持书信联络，几百年或者几千年后，他们之间慢慢开始使用同样的语言就是很自然的事情。可是后来突然发生了一个变化——地面开始膨胀，各个城镇之间的距离越来越远，假设负责在各个城镇间送信的人的速度是 c，而 c 小于城镇间距离增加的速度，那么这个送信的人就永远无法到达目的地，也就是说这些城镇间的人彼此无法沟通。很多年后，到这个地区考古的人会发现，在不同的彼此没有联系的城镇中，人们曾使用同样的语言，考古人员便会对此感到疑惑：远古时代这些彼此隔绝、无法沟通的人怎么会使用同样的语言呢？同样，如果任何信息的传递速度都不可能超过光速，原始粒子间无法交流，宇宙怎么可能具有各向同性和均质性呢？

宇宙暴胀理论通过其假设的暴胀过程，认为暴胀过程可以"抹平"原始不规则处，为宇宙的各向同性和均质性提供了一种解释。

更直观的解释是，在大爆炸那一刻，时空自身被挤压在一起，就像一张被团起来的纸，只有剧烈的暴胀可以拉平这团纸。不均匀性、各向异性、曲率以及各种粒子的密度都会降低，并在足够的暴胀（膨胀 10^{26} 倍）之后降低到可以忽略的程度。结果产生的是一个空荡、平坦、对称的宇宙。

暴胀过程还产生了一个副产品。人们之前一直想不明白，大爆炸怎么就产生了宇宙中如此丰富的结构？暴胀理论的回答是，急速的暴胀把量子尺度的微观扰动迅速拉大到宏观尺度，造成物质的密度涨落。这些涨落成为宇宙结构形成的关键"种子"。在引力的相互作用下，密度高的地方逐渐聚集了更多的物质，宇宙由此演化出星系、恒星、行星等。

暴胀理论还解决了当时困扰科学家的其他两个大问题：平坦性和磁单极子问题。

假设的理论需要验证

我们现在探测到的最早的宇宙，是在大爆炸的 38 万年后，而暴胀是发生在大爆炸后 10^{-32} 秒内的事情，我们当然无法看到。

理论上所期望的是暴胀产生的原初引力波能够让宇宙微波背景辐射中的光子产生偏振，而我们能够从宇宙微波背景辐射的信号中分离出这种偏振信息。

科学家认为，光子的偏振可以用两个物理量描述：E 模式极化和 B 模式极化。而 B 模式在足够大的空间尺度上，只能通过原初引力波产生！这看起来似乎很优美，暴胀时期产生的引力波导致光子的极化，在天空上产生了美丽的涡旋。

于是，事情似乎变得简单了：只要建造足够好的望远镜，一旦看到这种特殊模式的信号——B 模式极化信号，就能证明原初引力波的存在！也就证明了暴胀曾经发生过。

继宇宙背景探索者和威尔金森微波各向异性探测器对密度的测量之后，普朗克卫星补充了地面光的偏振测量，但这些探测结果都无法给出 B 模式偏振存在的证据。

这就回到了本文开始时的情景，科瓦克领导的团队在 2014 年宣布探测到了 B 模式极化信号。从 2002 年开始，他们在地球南极工作了 12 年，最终发布了在当时震动宇宙学界的探测结果。

但是到了 2015 年 1 月，欧洲航天局宣布，经过近一年的数据核实，

光的偏振

光子的传播（电磁振荡）类似抖动一根绳子时产生的颤动波，这种波只在一个平面上振动。手电筒的光很复杂，包含有在不同平面上振动的各种光。如果让这些光线穿过某种过滤装置，那么只有在某个方向上振动的光波可以通过过滤装置，而经过这样的过滤装置过滤出来的光线就叫偏振光。

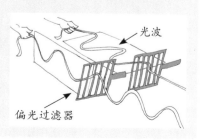

光波

偏光过滤器

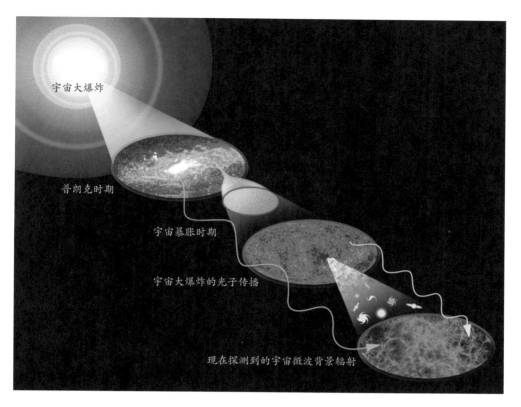

宇宙大爆炸

普朗克时期

宇宙暴胀时期

宇宙大爆炸的光子传播

现在探测到的宇宙微波背景辐射

发现科瓦克团队发布的 B 模式偏振并不是由原初引力波引起的，而是银河系星际尘埃干扰的结果。在普朗克美国项目工作的科学家查尔斯·劳伦斯表示："通过对普朗克太空任务和 BICEP2 地面试验的两组观测和计算数据的联合分析，我们能更好地看到事情的真相。我们发现 BICEP2/Keck 检测到的信号其实是来自银河系的星际尘埃，不过我们也不排除这里面可能存在低水平的原初引力波信号。我认为这是科学一步一个脚印进展的好例子。"

　　持有不同观点的科学家针对宇宙暴胀理论的探讨还在继续，20 世

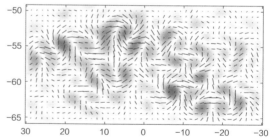

2014 年，BICEP2 探测到宇宙微波背景辐射的 B 模式极化。当时，科学家认为，是暴胀产生的引力波导致了这种极化，这在宇宙微波背景辐射图像中，呈现出美丽的涡旋

纪 80 年代末期开始也出现了一些其他的替代理论，试图对宇宙暴胀理论所解释的一系列疑难问题做出其他解释，比如大反弹理论、宇宙弦理论、光速可变论等。

神秘的暗物质

天王星

太阳

海王星

你知道科学家是如何发现海王星的吗？首先，科学家在观测天王星时，发现了天王星轨道和根据牛顿万有引力定律计算出的轨道之间存在很小但很有规律的差异。为了给出解释，法国数学家勒维耶（Le Verrier）经过复杂的计算，预测了太阳系第八颗行星的存在及其位置。之后通过观察，确认它就是海王星。

这是科学家首次在直接观察之前通过数学计算预测天体的存在。

勒维耶的工作方法是有用且高效的，但并不是每次都能成功。为了解

释水星轨道的特殊性，勒维耶使用同样的方法，预测了另一个行星（被他命名为火神）的存在，但是这个假设的行星从未被观测到。倒是爱因斯坦的广义相对论解释了水星轨道的特殊性。

我们应该记住的是，通过现有理论对一个未知事物进行预测是很有趣的事情，因为它往往表明某个未知的东西可能真的存在。

暗物质的发现也用了同样的方法。

暗物质有引力

科学家发现,对星系中恒星的观察与测量结果不能完全被已知的相关物理定律(如牛顿的万有引力定律和爱因斯坦的广义相对论)所解释。

我们知道,当月球围绕地球转动时,月球之所以能保持在环形轨道上运动,是因为受地球引力的作用,地球作用在月球上的引力提供了月球保持在环形轨道上运动所需的向心力。同样的,太阳系中的所有行星能围绕太阳运动,也是因为太阳的引力提供了行星绕太阳运动所需的向心力。

对于星系来说,一个旋涡星系是由约 1000 亿颗恒星组成的,这些恒星集中在一个平面上,并在接近圆形的轨道上运动,恒星运动需要的向心力,必须要由整个星系的引力来提供。引力阻止恒星做离心运动而逃离星系,而恒星的线速度又让它们避免落入星系中心。

一个星系的质量分布是通过测量星系中天体的光度得出的,知道了星系的质量,它对围绕它公转的恒星的引力就可以计算出来了。但是令科学

星系中心的可见天体和暗物质产生引力

这是恒星运动的方向

家惊讶的是：这个计算出来的引力非常小，远远小于恒星公转所需的向心力。为什么这么小的引力能够让恒星不至于远离星系中心，甚至导致星系爆发呢？

针对这些问题，一些科学家认为存在着某个隐藏的质量，它不能通过仪器被观察到，但会大大增加星系对恒星的吸引力，以阻止恒星离开。这个看不见的物质被称为暗物质。暗这个字的意思是它不会发射光或不存在电磁波的相互作用，因此我们不能通过望远镜观察到它。遗憾的是，除了知道它对其他质量（恒星）产生引力以外，我们对这个暗物质并没有太多了解。

科学家试图观测暗物质，并确定它的物理特性，如质量、电荷等。但是，暗物质的性质和组成仍然完全不能确定，比如说，它究竟是重子物质还是非重子物质？

重子物质和非重子物质

重子物质：重子是由三个被称为夸克的基本粒子组成的复合粒子。它包括质子和中子，但是不包括电子和中微子。天文学家用重子物质这个词来指代所有由普通原子组成的物质，忽略了电子的存在，毕竟电子质量极小，质子质量是电子质量的 1836 倍。重子物质构成恒星和行星，并通过电磁力相互作用。

非重子物质：指那些不是由重子组成的物质，比如中微子、光子等。

近处星系正背后的远处星系的光线经过近处星系时，产生弯曲，可以被地球上的探测器探测到。假如近处星系不存在引力，是无法观测到近处星系后面的远处星系的，因为星系引力使光线弯曲，我们就可以看到远处星系在近处星系周边形成的光环

暗物质怎样分布？

有些科学家试图通过匹配一些符合观测数据的参数（质量、密度和位置），来估计暗物质的分布。

在星系层面上，为了防止星系消散，科学家认为可见物质和暗物质必然存在联系。暗物质的质量是星系可见物质质量的 10 倍，它形成了巨大的球形环，分布在星系的各个地方。因此，星系中的物质有 90% 是暗物质。

在星系团层面上，在星系团周围，我们已经观测到了引力弧，这实际上是比这个星系团更遥远星系的失真图像，就像沙漠中的海市蜃楼。要解释这个令人费解的现象，天文学家必须把可见星系团和质量超过可见物质 100 倍的巨大隐形环加到一起。这里是暗物质分布最密集的"高点"。理论家想象出的暗物质像装鸡蛋的盒子一样，密集区和空洞交错分布。

20 年前，因为宇宙加速膨胀还没有被观测到，科学家认为宇宙由 75% 的暗物质和 25% 的可见物质组成。

后来，由于宇宙加速膨胀的发现，科学家对宇宙的结构模型做了大幅修改。为了体现宇宙加速膨胀，一些研究人员"发明"了一种新的宇宙成分——暗能量，他们认为暗能量占了宇宙组成的 73%，剩下的 27% 是暗物质和可见物质（质量比约为 6:1）。

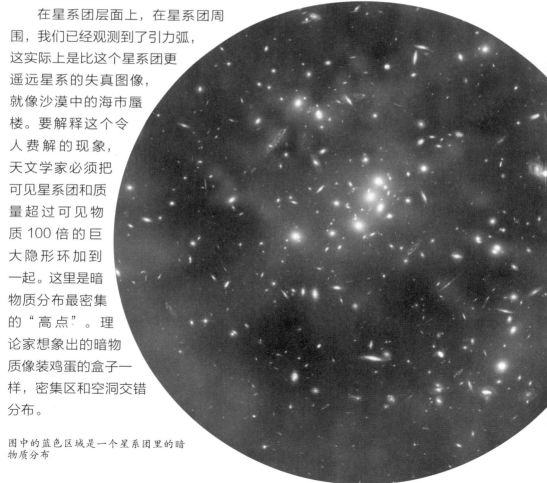

图中的蓝色区域是一个星系团里的暗物质分布

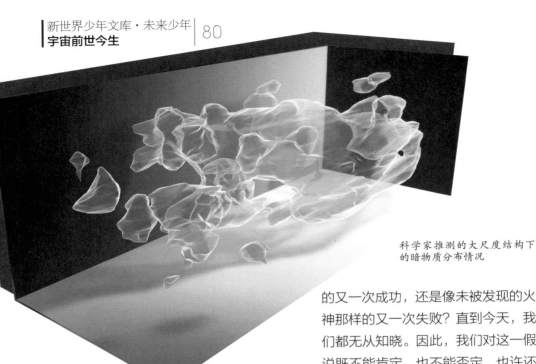

科学家推测的大尺度结构下的暗物质分布情况

而一个发人深省的事实是,我们所知的正常物质,包括组成所有恒星和星系的可见物质最多只占整个宇宙物质的5%!

神秘引力不一定来自暗物质

事实上,用这种方式确定的暗物质的分布只是根据可见恒星的位置、速度和光度这几个测量数据间接推测出来的,并不是对暗物质直接测量的结果。

简而言之,宇宙学和许多其他领域一样,我们现在所认为的真知很可能在几年后被发现是错误的!随着观测技术不断进步,我们似乎对宇宙中不断发生的变化变得愈加无知。

暗物质假说是像发现海王星那样的又一次成功,还是像未被发现的火神那样的又一次失败?直到今天,我们都无从知晓。因此,我们对这一假说既不能肯定,也不能否定。也许还存在着一种物质,它可以吸引周围物体的质量,并具有某些尚无人知的物理特性。

另外一些科学家也在寻找其他方向。

一些人质疑牛顿定律(他们没有解释为何该定律如此适用于太阳系)。他们认为,应该有另一个适用于星系层面的引力定律,该定律和适用于行星层面的牛顿定律不同。

其他人认为,可能存在另一类隐形的排斥物质,它推动已知的质量。这种排斥物质不在星系中央,而是存在于星系周围,阻止恒星远离。

就如对暗物质一样,我们没有所谓的"负物质"存在的直接证据。从物理的角度来看,它的行为与暗物质非常不同,但是它没准能对我们观察到的异常做出解释。

这幅图显示，地球由被命名为发丝的丝状暗物质包围。这个理论由美国国家航空航天局喷气推进实验室的研究人员加里·佩雷扎鲁（Gary Prézeau）提出，并发表在《天体物理》上。他认为，当一束暗物质粒子穿过行星时，一根发丝就形成了。模拟的结果显示，发丝有发根，在发根这一点，密度最大。当一束暗物质粒子穿过地心时，会形成一根发丝，它的发根的粒子密度约是平均值的 10 亿倍。发根可以离地球 100 万千米远，而地球的半径只有 6400 千米。（图中的发丝并不是按比例绘制的。）

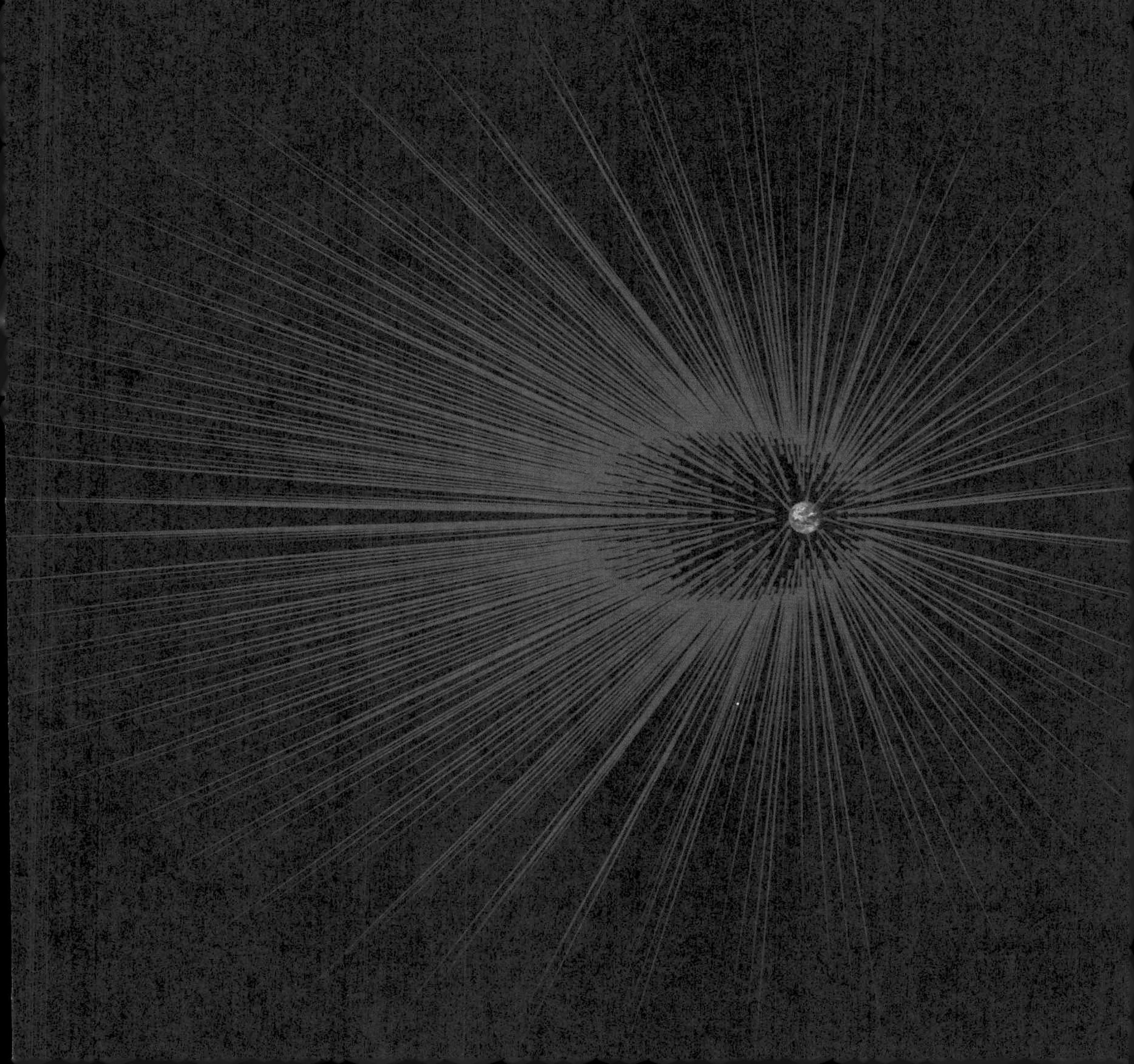

LCDM 宇宙学模型

托勒密的宇宙模型图

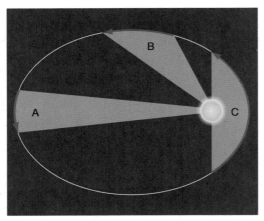

开普勒认为，行星的运行轨道是椭圆形的，行星公转的速度不是恒定的，而行星与太阳的连线在相等时间内扫过的面积是相等的。牛顿用他的力学定律证明了开普勒定律

在科学研究领域，我们经常会用到模型。那么，模型到底是什么呢？当我们想要理解一个体系的运作的时候，会先提出一些基本假设，然后借助方程式或者计算机数字模拟来模型化这个体系（在现代，更多的是使用后一种方法）。建立的模型，首先要与观测到的数据相吻合，同时能对未知的现象做出预测。然后，当预测的事物被实际观测到时，模型就得到了肯定或否定。

在宇宙学上，科学家就是按这种模式创建了宇宙模型。具体地说就是通过一些假设，构建一个数学描述，来解释宇宙的运行模式，预测它的演变。

宇宙模型的演变

人类从很早以前就开始尝试建立宇宙模型。公元2世纪，托勒密（Ptolemaeus）利用希腊天文学家的大量观测数据和各种关于天体运动

1651 年的《新天文大成》的卷首插图。巨人阿格斯手拿望远镜观察天空，女神阿斯特来亚用天平权衡两个宇宙系统的优劣。在图里，胜出的一方是第谷·布拉赫体系（太阳、月亮、水星和土星环绕地球运动，而水星、金星和火星环绕太阳运动）；败阵的是哥白尼的日心说；坐在地下的是托勒密，他的地心说被丢弃在地（图片来源：明尼苏达大学詹姆斯·福特·贝尔图书馆）

的学说，建立了托勒密地心宇宙模型。这个地心宇宙模型在计算天体的运动方面曾经给出了很好的结果，天文学家和星象学家使用了 1300 年！

过去，由于数学方程式还没有被发明出来，模型一直都是很粗糙的。亚里士多德（Aristotle）曾经宣称，物体只能沿两种轨迹运动（直线或者圆形），这就是亚里士多德模型。天文学家被这个说法困扰了几个世纪，直到开普勒向人们展示了行星轨道不是圆的而是椭圆的。

又过了几个世纪，艾萨克·牛顿（Issac Newton）建立了一个更复杂、更完美的模型，这个模型认为行星在一个跟距离平方成反比的力的作用下运动。行星运动轨道不再需要通过观测得出，而是可以通过计算推测出来，利用模型可以预测很多未知的事物！由于这个模型看上去是如此正确，让人们误以为人类已经掌握了宇宙运行的模式。

然而，所有的模型最终都被证明是错误的，需要不断地被修正。一个模型将来总是会被另一个更复杂的模型取代。

19 世纪末，迈克逊（Michelson）通过实验证明了光速的不变性。1905 年，作为牛顿思想延伸的伽利略模型，被爱因斯坦相对论模型所代替，因为只有它才能解释光速的不变性。1915 年底，广义相对论出现，它解释了一些之前无法解释的现象：

水星的近日点进动现象和引力透镜效应。

直到这个阶段，所有的一切都进行得令人满意：狭义相对论的提出意味着新的物理理论的诞生；根据爱因斯坦质能方程式 $E=mc^2$，一部分质量可以转化成能量。20 世纪的物理学已经表现得足够完美了。

广义相对论的宇宙模型建立在一个方程式，即爱因斯坦场方程上。1922 年，俄罗斯人亚历山大·弗里德曼（Alexander Friedmann）发现了爱因斯坦场方程中的一个重要解，这让模型逐渐明朗，弗里德曼同时对模型中关于宇宙随着时间演变的特性做了解释。模型指出，宇宙会随着时间的推移而变化，尤其是会膨胀（美国科学家哈勃后来证实了这一点），而如果时间往前追溯，宇宙流体的温度应该达到一个极端值，产生特别的物理现象。这些理论构成了一个标准的宇宙模型。其中一个了不

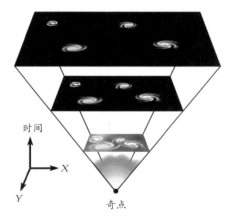

弗里德曼认为宇宙会随着时间的推移而变化，尤其是会膨胀

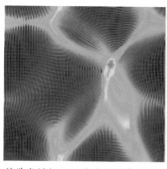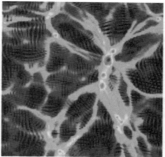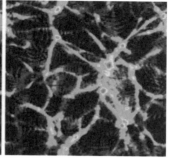

科学家模拟了三种暗物质情况下宇宙呈现出的不同样子，左边是热暗物质，中间是中温暗物质，右边是冷暗物质。右边的形态刚好是我们观测到的宇宙的样子

起的预言是在那神奇的物质和反物质湮灭之后，应该存在着宇宙背景辐射。这个预言在 1965 年被彭齐亚斯和威尔逊的观测证实。

弗里德曼模型成为现代宇宙学的基本出发点，表明人类对宇宙的认识又前进了一大步。然而在宇宙的大尺度范围里，弗里德曼模型和相对论是否就足够了呢？

物质是模型的根本依据

早在 1933 年，天文学家弗里茨·兹威基（Fritz Zwicky）就指出：根据现有计算结果得出的银河系在星系团里的运动速度太快了，按照牛顿力学定律，这么快的运动速度会使它离开星系团。但很少有人注意到他的这个说法。

1977 年，天文学家薇拉·鲁宾（Vera Rubin）指出了另一个问题：太阳在银河系里的运行速度不应该超出 160 千米 / 秒，不然就会脱离银河系。然而测量结果是 230 千米 / 秒，

因此银河系里应该包含了一个看不见的物质团，将太阳拉住。这就是我们在前文中阐述过的暗物质。这个看不见的物质是可见物质质量的好几倍。

又如更大尺度的天体——星系团。星系团能引起明显的透镜效应，而能产生如此明显的透镜效应的物质质量应该是观测到的星系团质量的100 倍。

根据物质的分布情况，宇宙模型应该因此被修改。科学家将弗里德曼模型转换成 SCDM 模型，这就是包括冷暗物质（Cold Dark Matter，CDM）的标准模型。

对于假设的暗物质，我们完全不能确认它的性质。也许有人会问，这种暗物质是"热"的，还是"冷"的？换句话说，它移动得快，还是慢？最后大部分科学家选择了"冷暗物质"，也就是说，与光的速度相比它的速度很微小，同时它是由非重子构成的，不会与其他物质发生引力以外的相互作用。因为如果

暗物质是"热"的，一些重大的观测结果就会解释不通。

至此，一个基于暗物质的新的模型得以建立，但这个模型仍然属于弗里德曼模型的升级版。

神秘的推力

根据弗里德曼的说法，宇宙倾向于膨胀，但又被引力所阻碍，这可能存在以下三种情形：

引力不够大，宇宙以稳定的速度继续膨胀；

宇宙膨胀到最大程度后，转而开始收缩；

膨胀一直进行，但是随着时间放缓。

但是不管怎样，膨胀的速度不会加快。就比如，当我们向空中垂直扔一块石头，这块石头的速度会不断减小，然后归零；如果你作用于石头的力无限大，它会无限地远离，逐渐减速但永远不会停下。

直到 1998 年，对 la 型超新星的光度和红移值测量的结果，显示了宇宙的膨胀在加速。负责这项测量的萨尔·波尔马特（Saul Perlmutter）、布莱恩·施密特（Brian P. Schmidt）和亚当·里斯（Adam Riess）在 2011 年因为此项成果获

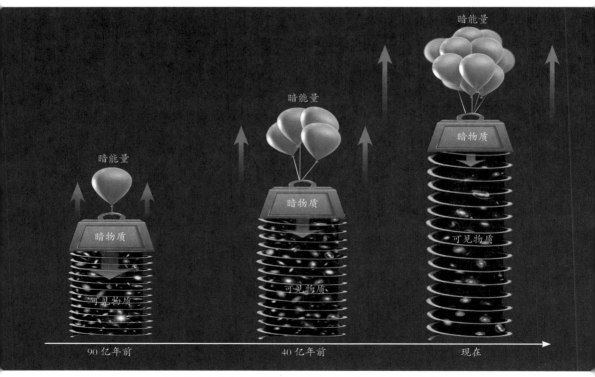

暗能量产生的排斥力是随着时间增加的，所以宇宙在加速膨胀

得了诺贝尔物理学奖。

这个加速完全在意料之外，与过去的说法背道而驰。我们所了解或者推测的宇宙物质，包括可见的物质或者暗物质，都倾向于让膨胀减速。

然而，膨胀不仅没有减速反而在加速！为什么？

暗能量

如何来解释这个意料之外的加速？ 在科学模型的历史演变过程中，为了描述、解释观测到的东西，首先需要提出假设。这时，科学家提出一个假设：作用在星体上的力除了引力之外还存在另一个力，它的大小超过引力，它的方向与引力相反。

这个神秘的力的来源被称为暗能

宇宙学常数

宇宙学常数（Cosmological constant）由爱因斯坦于 1917 年提出，这个概念来源于他对静态宇宙的理念。在爱因斯坦的公式中，宇宙学常数抵消了宇宙引力减小的趋势，从而得到静态宇宙的解。直观地说，它描述了一个神秘的力——真空斥力。

不久之后，天文学家发现了宇宙膨胀的证据，证明宇宙不是静态的，爱因斯坦也因此放弃了宇宙学常数。多年来，由于宇宙膨胀，科学家一直认为这个常数为零，直到发现宇宙的膨胀是加速的……

量，我们甚至还完全不了解这个暗能量的性质。这在科学研究上也是经常发生的事，当出现了一个意料之外的现象，我们给它取个名字，然后再尝试去解释这个名字。

根据宇宙膨胀的加速程度，科学家算出了暗能量的质量（这里我们运用了公式 $E=mc^2$ ）大约是暗物质的 3 倍。

关于这个暗能量的性质，科学家提出了很多假设。有人认为暗能量可能会被人类未知的粒子所感应；也有人认为存在另一个由负物质和负能量组成的宇宙。

科学家认为，很多基本粒子有自身的反粒子。反粒子是相对于粒子而言的，它们的质量、寿命等特性都与粒子相同，但是另一些特性，比如电荷的电性就与粒子相反。由反粒子组成的物质叫作反物质。

有的科学家认为，物质与反物质间的引力排斥是广义相对论的预测之一。物质之间有吸引力，反物质之间有吸引力，但物质和反物质之间却相互排斥。意大利物理学家马西莫·维拉塔（Massimo Villata）这么解释：如果一个反苹果落在正地球上，或者一个正苹果落在反地球上，在运动方程中将出现负号，他们之间的引力作用具有排斥性。

根据科学家推算，物质与反物质之间的引力排斥可能相当强大，那可能是宇宙加速膨胀的原因。

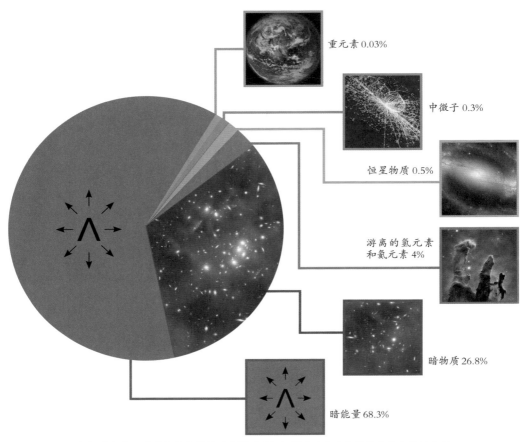

重元素 0.03%

中微子 0.3%

恒星物质 0.5%

游离的氢元素
和氦元素 4%

暗物质 26.8%

暗能量 68.3%

根据普朗克卫星的微波背景探测器得到的数据算出的宇宙各种物质和能量的比例

科学家认为，宇宙加速膨胀驱动力的存在是宇宙本身具有的属性，是一个与出现在爱因斯坦广义相对论方程中的宇宙学常数 ∧ 直接相关的概念。

LCDM 模型

到此，我们已经介绍了宇宙学常数 ∧ 和冷暗物质 CDM 的概念，两个概念合在一起就表示为 ∧CDM，这就是 LCDM 宇宙模型的组成。这

里的 L 是 ∧ 的发音 Lambda 的第一个字母。

在这个模型下，科学家算出各种构成宇宙的物质和能量的比例：暗能量约 68.3%，暗物质约 26.8%，游离的氢元素和氦元素约 4%，剩下的其他物质约 0.83%。

包含了暗能量和冷暗物质的 LCDM 宇宙模型出现在 20 世纪 90 年代末，它试图解释宇宙的主要性质，包括：

● 微波背景辐射存在;

● 宇宙大框架和星系分布;

● 宇宙加速膨胀。

当然,这是一个复杂的模型,包括了很多只有科学家才能理解的理论,描述了从暴胀期之后至今以及未来的宇宙。

但是,从简单的层次看,关于LCDM 宇宙模型,我们只需要理解:常数 Λ 从哪儿来? CDM 是什么意思?除了这些,还需要知道这个模型包含的几个基本参数,比如星系和星际气体云里重子物质的密度、暗物质的密度、暗能量的密度等。

现在的模型还不够完善。如前所述,我们不得不引进一个看不见的物质——暗物质,这并不是一个小的改动,而是一个根本的改动,这个新的物质主导了模型。现在,我们又需要引入一个假设的能量。然而,两者都不能被各种科学手段直接探测到。

换句话说,宇宙里的东西只有5% 能被观测到。在这种情况下我们还能继续讨论这个模型吗?基于这个原因,这个模型虽然在很大程度上被接受了,但仍受到不少科学家的质疑。

今天,大部分天体物理学家已经接受了暗能量和暗物质存在的假设,同时也一直在探寻它们真正的性质。然而,科学发展的历史告诉我们,新的概念会出现并大大改变我们的看法,我们不能保证今天接受的东西是明天的真相。

没有任何一个宇宙模型是完美无缺的,这一点毋庸置疑。对那些对物理和宇宙感兴趣的年轻人来说,这是一个充满吸引力的对未来的许诺。

暗能量探测器

根据目前我们的认识,揭示暗能量本质的最佳途径是测量它的压强(即它对空间的排斥强度)和密度(即在给定空间中它究竟有多少)之比,我们称这个比值为状态方程参数,用 w 来表示。这是宇宙学中一个非常重要的参数。

眼下科学家正在努力工作,有望在未来10 年内将暗能量的测量精度提高 100 倍。暗能量巡天(Dark Energy Survey,DES)项目从 2013 年开始启动。美国国家航空航天局与欧洲航天局合作,目前已完成对南方天空约四分之一的深度扫描,并对数亿个遥远星系进行编目,为暗能量研究进行数据采集。目前这项庞大的宇宙终极奥秘探索计划已经云集了全球 25 个机构的近千名科学家,形成了国际性的研究团队。

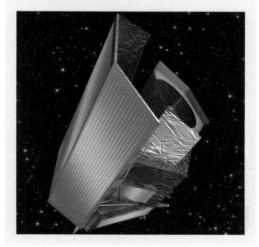